JN026836

Unityで はじめるC#

知識ゼロからはじめる
アプリ開発入門

基礎編

改訂版

エムディエヌコーポレーション

はじめに

本書を手に取られたあなたは、十中八九「Unity（ユニティ）でスマホゲームをつくりたい」人ですよね？　ご期待どおり、この本は Unity でスマホゲームをつくりたい人のための入門書です。ただし、ひとくちに Unity 入門といっても入り口はいろいろあります。ゲームの企画書づくりから入る場合、グラフィックの扱いから入る場合、アニメーションなどの演出から入る場合、3D から入る場合、などなど……。

いろいろな入り口の中で、本書は「C#（シーシャープ）でのプログラミング」を選びました。どの入り口から入っても、いつかはプログラミングに突き当たります。だったら先に越えておいたほうが、あとが楽ではないでしょうか？

そんなわけで、序盤の Chapter2、3 は C# の基本の説明です。テキストを表示する短いプログラムでいろいろな文法を説明していきます。あえて派手な機能には目もくれず、プログラミング入門書のオーソドックスなスタイルを狙いました。

Chapter4 からようやく Unity らしい、画像の表示などのテーマに触れ、Chapter5 と 6 では実践として、それぞれ「脱出ゲーム」と「物理パズルゲーム」という 2 つのゲームをつくります。

この 2 つのサンプルは、ゲーム作家の「いたのくまんぼう」さんにアイデア出しから制作までひととおりお願いしました。

どちらもプログラムが短めで理解しやすいだけでなく、UnityUI やアニメーションも学べます。また、初心者でもアイデア次第でヒットが狙えるゲームジャンルなので、サンプルを叩き台にしたオリジナルゲームをつくることもできます。わかりやすさだけでなく、読者が本を読み終えたあとのことも考えられていると、原稿を書いていてうならされました。これらのサンプルには他にもいろいろなテクニックが詰まっているので、よく参考にしてみてください。

本書は 2016 年に刊行した書籍の改訂版です。この 4 年間で Unity にも多くのアップデートが加えられました。そのため、サンプルゲームは前書を踏襲しつつ、最新の Unity 2020 に合わせて書籍全体をアップデートしています。

本書が未来のゲーム作家を目指す皆さんの一助となることを願っています。
最後に、本書の制作にかかわられた皆さまに心よりお礼申し上げます。

2020 年 10 月　リブロワークス

目 次
Contents

はじめに ・・・ 003

データダウンロード案内 ・・・・・・・・・・・・・・・・・・・・・・・・・・・・・・・・・・・・・・・ 006

Chapter 1　Unityで開発する準備をしよう ・・・・・・・・ 007

1-1　Unity と C# ・・・・・・・・・・・・・・・・・・・・・・・・・・・・・・・・・・・・・ 008

1-2　Unity のインストール ・・・・・・・・・・・・・・・・・・・・・・・・・・・・・・ 011

Chapter 2　C#の基本中の基本を覚えよう ・・・・・・・・ 017

2-1　最初のプログラムを書いてみよう ・・・・・・・・・・・・・・・・・・・・ 018

2-2　プログラムの基本的な用語を覚えよう ・・・・・・・・・・・・・・・・ 032

2-3　クラスについてもう少しだけ知っておこう ・・・・・・・・・・・・・ 044

Chapter 3　条件分岐と繰り返しをマスターしよう ・・・ 053

3-1　条件によって切り替える ・・・・・・・・・・・・・・・・・・・・・・・・・・・ 054

3-2　同じ仕事を繰り返す ・・・・・・・・・・・・・・・・・・・・・・・・・・・・・・ 065

3-3　配列変数で複数のデータを扱おう ・・・・・・・・・・・・・・・・・・・ 071

Chapter 4　Unityを使ったプログラミング ・・・・・・・・・ 077

4-1　Unity の仕組みをちゃんと理解しよう ・・・・・・・・・・・・・・・・ 078

4-2　画像を表示してみよう ・・・・・・・・・・・・・・・・・・・・・・・・・・・・ 081

4-3　スクリプトでゲームオブジェクトを制御する ・・・・・・・・・・・・・ 088

Chapter 5 脱出ゲームをつくろう ‥‥‥‥‥‥ **101**

  ❁ 5-1 ゲームのタイトル画面をつくろう ‥‥‥‥‥‥ 102

  ❁ 5-2 部屋の壁をつくろう ‥‥‥‥‥‥‥‥‥‥‥‥ 123

  ❁ 5-3 仕掛けを配置しよう ‥‥‥‥‥‥‥‥‥‥‥‥ 141

  ❁ 5-4 ゲームクリア画面をつくろう ‥‥‥‥‥‥‥‥ 168

Chapter 6 物理パズルゲームをつくろう ‥‥‥‥‥ **177**

  ❁ 6-1 物理パズルゲームと物理エンジン ‥‥‥‥‥‥ 178

  ❁ 6-2 物理エンジンでボールを動かそう ‥‥‥‥‥‥ 185

  ❁ 6-3 ボールの動きをコントロールする ‥‥‥‥‥‥ 199

  ❁ 6-4 壁とゴールをつくろう ‥‥‥‥‥‥‥‥‥‥‥ 212

  ❁ 6-5 ステージクリアを演出しよう ‥‥‥‥‥‥‥‥ 222

  ❁ 6-6 ステージを増やそう ‥‥‥‥‥‥‥‥‥‥‥‥ 237

  ❁ 6-7 ステージセレクト画面をつくろう ‥‥‥‥‥‥ 245

Chapter 7 実機テストとアプリの公開 ‥‥‥‥‥‥ **261**

  ❁ 7-1 Android で実機テストしよう ‥‥‥‥‥‥‥‥ 262

  ❁ 7-2 iOS で実機テストしよう ‥‥‥‥‥‥‥‥‥‥ 268

  ❁ 7-3 アプリの公開に向けて ‥‥‥‥‥‥‥‥‥‥‥ 277

監修者あとがき ‥‥‥‥‥‥‥‥‥‥‥‥‥‥‥‥‥ 291

監修者＆著者プロフィール ‥‥‥‥‥‥‥‥‥‥‥‥ 291

索引 ‥‥‥‥‥‥‥‥‥‥‥‥‥‥‥‥‥‥‥‥‥‥ 292

データダウンロード案内

本書で解説したプログラムやゲームのUnityプロジェクトファイルなどは
以下URLからダウンロード可能ですので、ご利用ください。

✴ ダウンロードURL **https://books.mdn.co.jp/down/3220303029**

◘ データの内容

📁 **Chapter1-4 フォルダ**

　📁 **FirstLesson フォルダ**
　1～4章で作成するUnityプロジェクトファイル一式が入っています。P.25の手順で本フォルダを指定して読み込んでください。

📁 **Chapter5 フォルダ**

　📁 **Android フォルダ**
　空フォルダです。ゲーム「THE BOX」をAndroid向けにビルドした実行ファイルを格納するためにお使いください。

　📁 **iOS フォルダ**
　空フォルダです。ゲーム「THE BOX」をiOS向けにビルドしたプロジェクトを格納するためにお使いください。

　📁 **The Box フォルダ**
　ゲーム「THE BOX」のUnityプロジェクトファイル一式が入っています。P.25の手順で本フォルダを指定して読み込んでください。

　📁 **Images フォルダ**
　ゲームで使用しているイラストデータ（PNG）が入っています。ご自身でUnityプロジェクトをつくり、学習を進める場合にご利用ください。

📁 **Chapter6 フォルダ**

　📁 **Android フォルダ**
　空フォルダです。ゲーム「THE BALL」をAndroid向けにビルドした実行ファイルを格納するためにお使いください。

　📁 **iOS フォルダ**
　空フォルダです。ゲーム「THE BALL」のiOS向けにビルドしたプロジェクトを格納するためにお使いください。

　📁 **The Ball フォルダ**
　ゲーム「THE BALL」のUnityプロジェクトファイル一式が入っています。P.25の手順で本フォルダを指定して読み込んでください。

　📁 **Images フォルダ**
　ゲームで使用しているイラストデータ（PNG）が入っています。ご自身でUnityプロジェクトをつくり、学習を進める場合にご利用ください。

◘ 注意事項

Chapter **1**

Unityで開発する
準備をしよう

❀ 1-1 Unity と C# ··· 008
❀ 1-2 Unity のインストール ··· 011

1

UnityとC#

人気のスマートフォンゲームを次々と産み出しているUnity。
そしてその開発言語のC#。まずはこの2つがどんなものなのかを紹介しましょう。

ゲームエンジン Unity

Unityの魅力

Unity（ユニティ）はユニティ・テクノロジーズ社が開発しているゲームエンジン——つまりゲームの開発と実行を行う環境です **図1-01**。有名なスマートフォンゲームの開発にも採用されており、プロのゲーム企業から個人のゲーム作家まで幅広い層に使われています。

人気の理由はいろいろとありますが、大きいのは次のようなものでしょう。

- iOS、Android、パソコン、Webなど幅広いマルチプラットフォーム対応
- 2D／3D両対応
- ユーザーインターフェースからステージ、アニメーションまで編集できる強力なエディタ

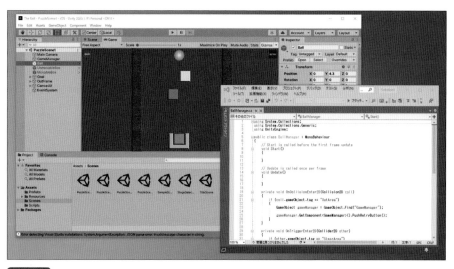

図1-01 Unityエディタと Visual Studio

中でもスマートフォン向けのゲームを比較的簡単に開発できるというのが、一番大きな特徴でしょう。

スマートフォン向けのアプリ開発はそもそも難易度が高い上に、主流のiOSとAndroidでは言語や開発環境がまったく違うので、両方でリリースしようと思うと同じゲームを別々に2つつくらなければいけません。Unityを使えば、パソコン上で開発したゲームを各OS向けに書き出すだけでOKです。

🗨 iOS向けのゲーム開発にはMacは必須

UnityはWindowsとMac両方に対応しており、どちらでも同じようにゲームを開発できます。

ただし、注意が必要なのは、iOS向けのゲームはMacがないと完成させられないという点です。iOS向けに書き出したプログラムをiPhoneに転送して動作テストしたり、App Storeにアップロードするという最後の仕上げ作業にMacが必要となるのです（Chapter7参照）。WindowsでUnityを使う予定の人は、iOS向けの開発をどうするかを先に考えておきましょう。

UnityでもiOS向けのゲームづくりにはMacが必要！　これ結構大事だよ。

● プログラミング言語C#

🗨 C#とは？

ゲームはプログラムの一種ですから、プログラミング言語を使ってプログラムを書く必要があります。Unityでは主なプログラム言語としてC#が使用できます。

C#（シーシャープ）は国際標準の仕様にもなっていますが、もともとはマイクロソフトがつくったプログラム言語です。

C#は、古くからあるプログラミング言語のC（シー）言語やC++（シープラプラ）をもとにしており、さらにJava（ジャバ）なども参考にしてつくられています。ですから、この3つの言語のいずれかを理解している人なら、入門書を1冊読めばすぐに覚えられるでしょう。

とはいえ、これからプログラミングごとUnityを覚えたいという人が、先にC言語やJavaの勉強からはじめるのでは遠回りすぎますね。また、C#の入門書となると、

こちらはたいていWindowsアプリを対象としているので、Unityの入門者にとって近道とはいえません。

　そこで本書では、オーソドックスなプログラミング入門と、Unityの入門を組みあわせるスタイルを採用しました。本のとおりにサンプルをつくっていけば、自然とC#とUnityの基本を覚えられる構成です。

　考えるよりもまずは実践！　次のページからさっそくUnityをインストールして、プログラムづくりに挑戦していきましょう。

さぁ、どんどん行こう！

2

Unityのインストール

Unityは無料または有料のプランで提供されています。ここでは無料のPersonalを
WindowsとMacにインストールする方法を解説します。

Unity Personalのインストール

インストーラーのダウンロード

Unityには無料のPersonal、有料のPlus、Proなどの種類があります。本書では
無料のPersonalを利用します 図1-02 。無料とはいえ機能はほぼ変わらず、条件を
満たせば商用利用も可能です。

まずUnity Hub（ユニティハブ）をインストールしましょう。Unity Hubは異なる
バージョンのUnityをインストールし、切り替えて使えるようにするツールです。
プロジェクト（ゲーム）を新規作成したり開いたりする際にも使います。

図 1-02 Unity Hubのダウンロード（https://unity3d.com/jp/get-unity/download）

Unity Hubのインストーラーファイルがダウンロードされるので、ダブルクリッ
クしてインストールしてください 図1-03 。

図1-03 Windows版Unity Hubのインストール

Mac版はドラッグ＆ドロップでインストールします 図1-04 。

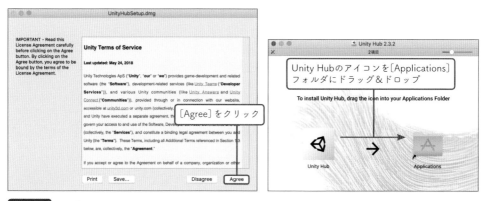

図1-04 Mac版Unity Hubのインストール

◉ Unity IDの登録

　ここから先はWindowsもMacも共通の操作です。スタートメニューや［アプリケーション］フォルダからUnity Hubを起動すると、「ライセンスがありません」と表示されます。まずUnity IDを取得しましょう。Unity IDはUnityエディタの使用に必要なだけでなく、アセットストアやコミュニティを利用する際にも使います 図1-05 。

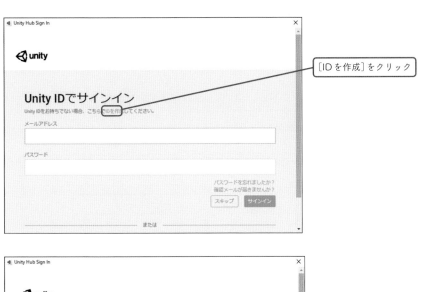

[ID を作成]をクリック

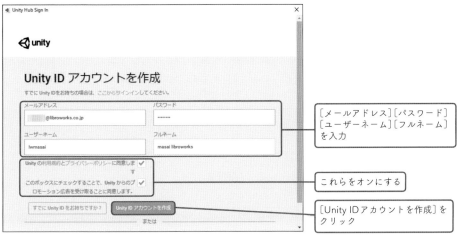

[メールアドレス][パスワード]
[ユーザーネーム][フルネーム]
を入力

これらをオンにする

[Unity IDアカウントを作成]を
クリック

[続行]をクリック

図 1-05 Unity ID の登録

　少しして Unity からのメールが届きます。メール内のリンクをクリックしてくだ
さい。そのあと Unity Hub に戻って、先ほど登録したメールアドレスとパスワード
でログインします 図 1-06 。

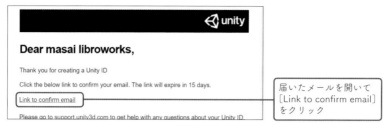

届いたメールを開いて
[Link to confirm email]
をクリック

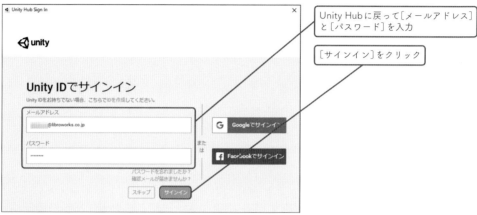

Unity Hubに戻って[メールアドレス]
と[パスワード]を入力

[サインイン]をクリック

図1-06 Unity IDでログインする

　　　最後にライセンスの認証を行います。ここで無料のPersonalを使用するか、有料版のPlusやProを使うかを選択します 図1-07 。

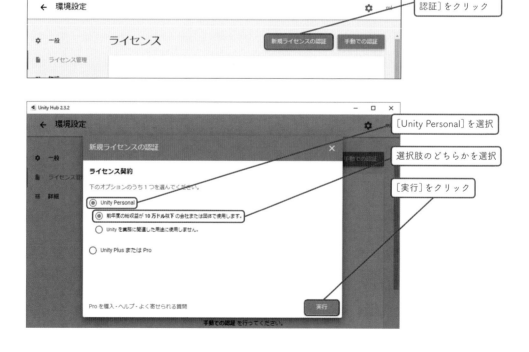

[新規ライセンスの
認証]をクリック

[Unity Personal]を選択

選択肢のどちらかを選択

[実行]をクリック

図 1-07 ライセンスを認証する

Unityエディタのインストール

　ようやくUnityエディタのインストールです。インストールは1時間以上かかることもあるので、時間の余裕があるときに進めてください。

　Unityはかなり頻繁にアップデートされており、1つのパソコンに複数バージョンをインストールして切り替えながら使うことができます。本書は2020.xというバージョンを使用しているので、なるべく近い（年度が同じ）バージョンをインストールしてください 図 1-08 。年度が異なる2019.xや2021.xは操作が異なります。

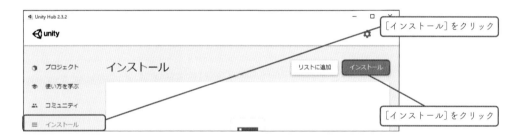

図 1-08 インストールバージョンの選択

　次にUnityエディタに組み込むモジュール（追加機能）を選択します。プログラムの編集に使用するMicrosoft Visual Studio Community 2019またはVisual Studio for Mac（以降Visual Studioと表記）、iOSやAndroid向けのアプリの開発に必要な「Android Build Support」と「iOS Build Support」をオンにしてください 図1-09 。

図 1-09 モジュールの選択

Visual Studio と Andorid SDK のライセンス契約画面が表示されるので、それぞれ同意してください 図1-10 。これでインストールが開始されます。あとは完了するまで待ちましょう。

図 1-10 エンドユーザーライセンス契約

Chapter **2**

C#の基本中の
基本を覚えよう

✿ 2-1　最初のプログラムを書いてみよう ・・・・・・・・・・・・・・・・・・・・・・・・・・・・・ 018
✿ 2-2　プログラムの基本的な用語を覚えよう ・・・・・・・・・・・・・・・・・・・・・・ 032
✿ 2-3　クラスについてもう少しだけ知っておこう ・・・・・・・・・・・・・・・・ 044

Chapter 2

C#の基本中の基本を覚えよう

最初のプログラムを書いてみよう

最初の一歩として、文字を表示するだけの簡単なプログラム（スクリプト）を書いてみましょう。ここではプログラムの内容そのものではなく、プロジェクトのつくり方からエディタの使い方までの手順を覚えてください。

● プロジェクトの中にスクリプトを追加しよう

プロジェクトの作成

Unityでプログラムを書くには、その前にいくつか作成しなければいけないものがあります。最初につくるのはプロジェクトです。プロジェクトはゲームに必要なプログラムや画像、音楽などのデータをまとめる容れ物です。

Unity Hubでプロジェクトを作成します。名前は「FirstLesson」とし、保存場所はどこでもいいのでとりあえず[ドキュメント]フォルダ（Macでは[書類]フォルダ）にしておきましょう 図2-01 。

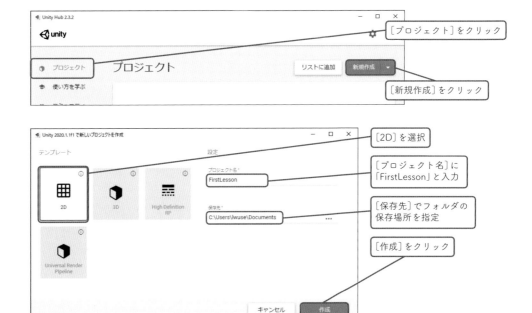

図 2-01 プロジェクトの作成

Unityエディタの画面各部の名称

プロジェクトを作成すると、そのプロジェクトが開かれた状態でUnityエディタが起動します。ここで画面各部の名称と役割を簡単に説明しておきましょう 図2-02 。Windows版もMac版も画面はほとんど一緒ですが、Macではメニューバーはデスクトップの上部に表示されます。また、画面構成は使いやすいようにカスタマイズすることもできます（P.87のコラムを参照）。

[Hierarchy]ウィンドウ　　タイトルバー／メニューバー／ツールバー　　[Inspector]ウィンドウ

[Scene]ビュー／[Game]ビュー

[Project]ウィンドウ／[Console]ウィンドウ　　ステータスバー

※本書では紙面を見やすくするため画面をLight Modeに変更しています。Dark Modeでも操作方法は変わりません。

名前	働き
タイトルバー	編集中のプロジェクトの名前などが表示される
メニューバー	Unityエディタの機能を呼び出すメニューが配置されている
ツールバー	動作テストを実行するボタンなどが配置されている
[Hierarchy]ウィンドウ	シーン上に配置されたゲームオブジェクトの一覧が表示される
[Inspector]ウィンドウ	ゲームオブジェクトなどの設定を確認・変更する
[Scene]ビュー	ゲームオブジェクトなどを配置する編集画面
[Game]ビュー	動作テスト中のゲームを表示する画面
[Project]ウィンドウ	プロジェクトに含まれる各種ファイルが表示される
[Console]ウィンドウ	エラーメッセージなどを表示する画面
ステータスバー	簡易的なエラーメッセージなどを一行で表示する

図2-02 各部の名称と働き

シーンの用意

作成したプロジェクトには「SampleScene」という名前のシーンが用意されています。シーンというのは、簡単にいえばゲーム内の1画面のデータです。「タイトル画面」「ゲームメイン画面」「クリア画面」など必要に応じて追加できます。

シーンは1つのファイルになっており、[Project]ウィンドウの[Scenes]フォルダ内に保存されています。ここでは最初からあるシーンの名前を「scene1」に変更してみましょう 図2-03 。

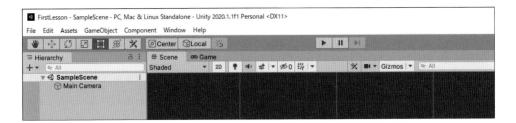

[Scenes]をクリック

[SampleScene]を選択

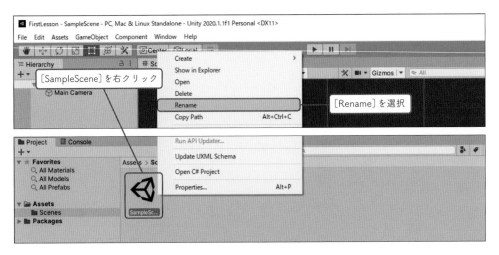

[SampleScene]を右クリック

[Rename]を選択

シーン名が変更可能になるので「scene1」と入力

[Reload]をクリック

※macOS版ではボタンの位置が逆なので
注意してください。

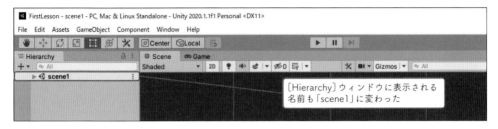

図2-03 シーン名の変更

　Unityエディタを強制終了して、再度プロジェクトを開いたときに、シーンがう
まく読み込まれず、[Hierarchy]ウィンドウに「Untitled」と表示されることがあり
ます。その場合は[Project]ウィンドウからシーンを探し、ダブルクリックして開
いてください（P.30のコラムを参照）。

　また、トラブルに備えてシーンは小まめに保存しましょう。[File]メニューから
[Save]を選択するか、[Ctrl]＋[S]キーを押して上書き保存します**図2-04**。

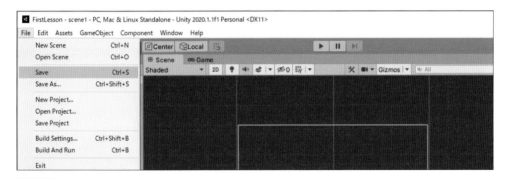

図2-04 [File]メニュー

💭 プロジェクトフォルダの中身を確認

　ここでプロジェクトやシーンがどのように保存されているのかを確認してみま
しょう。プロジェクトを[ドキュメント]フォルダに作成した場合は、その中にプ
ロジェクト名のフォルダが作成されているはずです。ここにプロジェクトのデータ
がすべて保存されます**図2-05**。

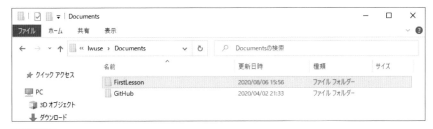

図 2-05　プロジェクトフォルダ

　　プロジェクト名のフォルダ内には「Assets」や「ProjectSettings」などいくつかの
フォルダがあります。特に重要なのが［Assets］フォルダで、この中にプログラム
やシーン、画像、サウンドなどのファイルが保存されます 図 2-06 。

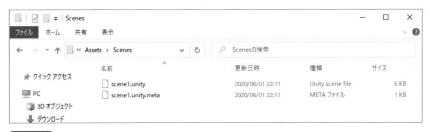

図 2-06　［Assets］フォルダの中身

　　［Assets］フォルダの内容はUnityエディタの［Project］ウィンドウに表示され、
そこから管理・操作します。ですから直接操作することはそれほど多くないのです
が、フォルダ構造を頭に入れておけば、プロジェクト内がどうなっているのか理解
しやすくなるはずです。

Asset（アセット）は英語
で「資産」という意味。ゲー
ムに必要なファイル類を資
産に例えているわけね。

ゲームオブジェクトの作成

　　Unityのプログラムはゲームオブジェクトと関連付ける必要があります。ゲーム
オブジェクトとはシーンに配置する物体すべてを指す用語で、ゲームのキャラク
ターだけでなく、背景やテキスト、ボタンなどのユーザーインターフェースの部品、
表示範囲を決めるカメラなどさまざまな種類があります。今回作成するのは、プロ
グラムと関連付けるためだけの空のゲームオブジェクトです。

　　ゲームオブジェクトは、それを管理する［Hierarchy］ウィンドウ（以降ヒエラル

キー）で作成します 図2-07 。

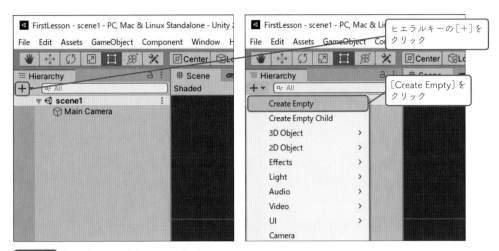

図 2-07 空のゲームオブジェクトの作成

　ヒエラルキーに「GameObject」という名前のゲームオブジェクトが追加されます。また、右の［Inspector］ウィンドウ（以降インスペクター）に、現在選択しているゲームオブジェクトの情報が表示されます 図2-08 。この2つのウィンドウはこれから非常によく使うので、名前を覚えておいてください。

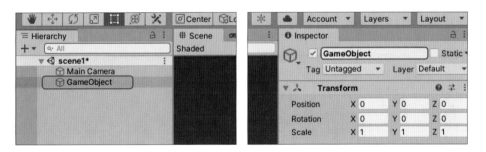

図 2-08 ヒエラルキーとインスペクターに表示されたゲームオブジェクト

スクリプトの作成

　ここまではプログラムをつくるための下準備です。ここでようやくプログラムのファイルをつくることができます。Unityではプログラムファイルのことをスクリプト（Script）と呼びます。スクリプトとは台本のことで、もともとは覚えやすくて簡単に書けるプログラムを指す言葉でした。ただし、スクリプトがどんどん強化発展を続けた結果、最近ではその区別はあいまいになってきています。

　スクリプトのつくり方は何通りかありますが、ここではインスペクターから作成します 図2-09 。この方法だとスクリプトを作成した時点でゲームオブジェクトと関連付けられているため、関連付けの設定をスキップできます。

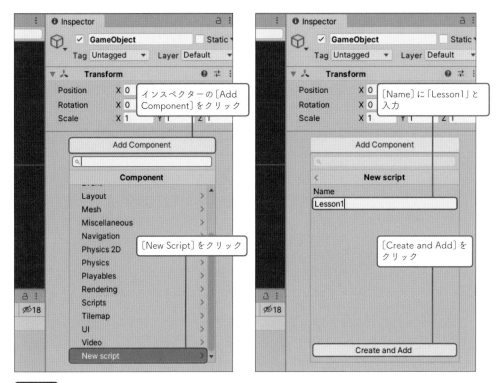

図 2-09 インスペクターからのスクリプト作成

　無事作成されると、インスペクターに「Lesson 1 (Script)」と表示されます。こ
れはゲームオブジェクトにスクリプトが関連付けられたことを表しています。また、
下の[Project]ウィンドウには「Lesson1」という名前のC#アイコンが表示されて
います図2-10。

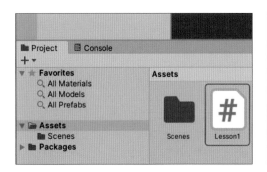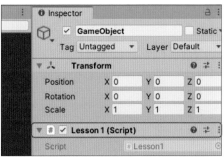

図 2-10 Lesson1 が追加された

　[Project]ウィンドウに追加されているということは、実際のスクリプトファ
イルがプロジェクトフォルダの中に追加されているはずです。先ほど確認した
[Assets]フォルダを見ると、「Lesson1.cs」というファイルが追加されています
図2-11。

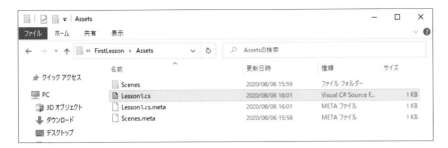

図 2-11 [Assets] フォルダに Lesson1 が追加された

既存のプロジェクトを開くには

　保存済みのプロジェクトは、Unity Hub から開きます。本書のサンプルファイルのようにダウンロードしたプロジェクトを開きたい場合は、まず Unity Hub のプロジェクトのリストに追加してから開きます 図 2-12 。

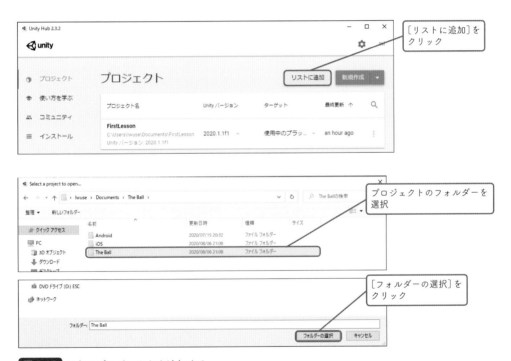

図 2-12 既存のプロジェクトを追加する

　プロジェクトと同じバージョンの Unity がインストールされていない場合、[Unity バージョン] の欄をクリックしてバージョンを選んでから開きます。異なるバージョンで開いた場合、バージョンに合わせてプロジェクトをアップグレードする必要があります 図 2-13 。

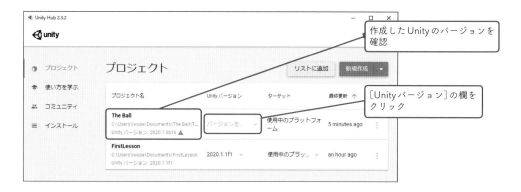

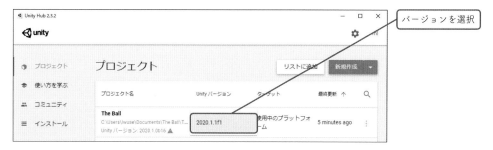

図 2-13 バージョンを選択して開く

スクリプトを入力しよう

スクリプトを Visual Studio で開く

　それではスクリプトを入力していきましょう。Unityにはスクリプトを編集するためのVisual Studio（ビジュアル スタジオ）というエディタが付属しています。[Project] ウィンドウに表示されているC#のアイコンをダブルクリックすると、自動的にVisual Studioが起動してファイルが開かれます 図2-14 。初回起動時はVisual Studioへのサインインなどがあるので、Microsoftアカウントでサインインしてください。Windows用のアカウントがあればそれを使ってもかまいません。

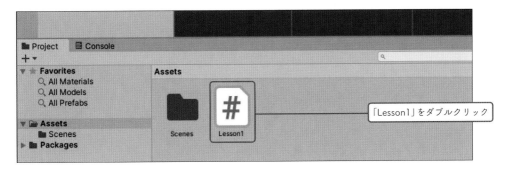

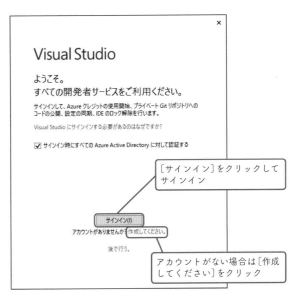

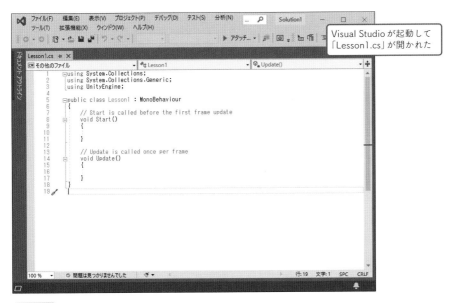

図 2-14 Visual Studio の起動

● スクリプトの入力

開いたLesson1.csの中にはすでに何かが書かれています。それぞれの意味はあとで説明するので、とりあえず「Start () { 」と「 }」の間に「Debug.Log("ハロー");」と入力してみてください コード 2-01 。

コード 2-01 Lesson1.cs

```csharp
using System.Collections;
using System.Collections.Generic;
using UnityEngine;

public class Lesson1 : MonoBehaviour
{
    // Start is called before the first frame update
    void Start()
    {
        UnityEngine.Debug.Log("ハロー");
    }

    // Update is called once per frame
    void Update()
    {

    }
}
```

入力のときにまず注意してほしいのは、日本語入力システムをオフにして半角英数字で入力しないといけないという点です。日本語を入力するときだけオンにして、入力が終わったらすぐにオフにするクセを付けましょう。アルファベットの大文字小文字も間違えてはいけません。

では、本を読みながら実際にやってみましょう 図 2-15 。

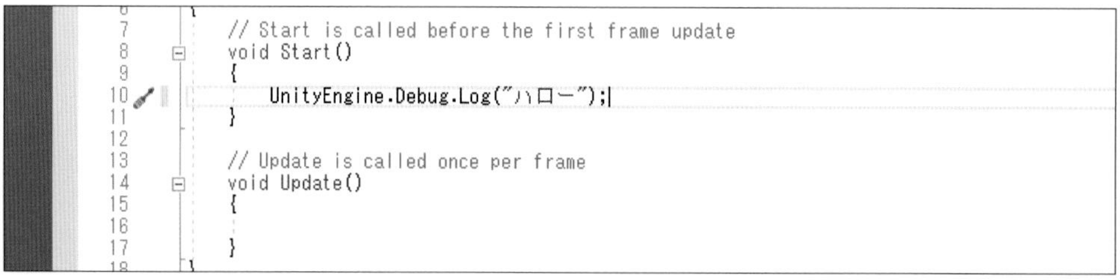

図 2-15 最初のスクリプトの入力

うまく入力できましたか？ Visual Studioには途中まで入力すると一致する候補リストを表示してくれる入力支援機能(IntelliSense)があります。ただ、Unity

用の候補をうまく表示してくれないことがあるので、無視して入力したほうがよい
かもしれません。

入力が終わったらファイルを上書き保存しましょう 図2-16 。忘れやすいので、
ショートカットキーの［Ctrl］＋［S］を覚えて、小まめに保存するようにしましょう。

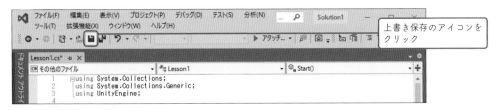

図 2-16 スクリプトの上書き保存

Visual Studioで［Ctrl］＋［S］
を押すとスクリプトの上書き保
存、Unityエディタで［Ctrl］
＋［S］を押すとシーンの上書き
保存だよ。

スクリプトの実行

入力したスクリプトが正しく動くか、さっそくテストしてみましょう。Unityの
スクリプトを動かしたいときは、Unityエディタで再生モード（playmode）に切り
換えます。また、今回のスクリプトの結果は［Console］ウィンドウに表示されるの
で、切り換えておきます 図2-17 。

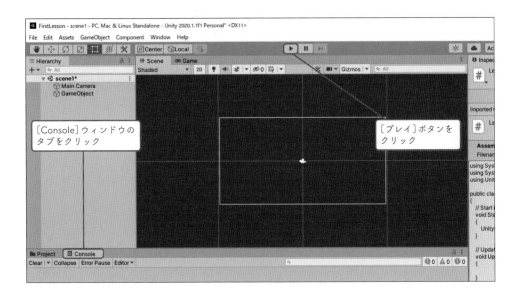

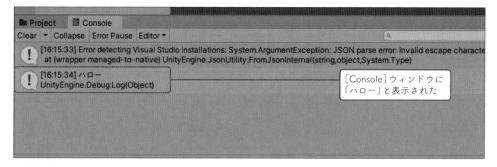

図 2-17 スクリプトの実行

　「ハロー」と表示されたら成功です。[プレイ]ボタンをもう一回押して、再生モードを終了してください。

　Windows版（本書執筆時点の最新版2020.1.7f）では、「Error detecting Visual Studio Installations」という警告メッセージが表示されます。これはVisual Studioのインストールに問題があることを意味していますが、ゲームの動作上は問題ないので無視してください。おそらく新しいバージョンでは消えるはずです。

❇ シーン名が「Untitled」になってしまったら

Unityが不正終了した場合、プロジェクトを開き直すしかありません。開き直したときに、ヒエラルキーに「Untitled」と表示された場合、シーンが正しく読み込まれていません。ただし、最後に上書き保存した状態はシーンファイルに残っているので、[Project]ウィンドウから開いてください 図 2-18 。

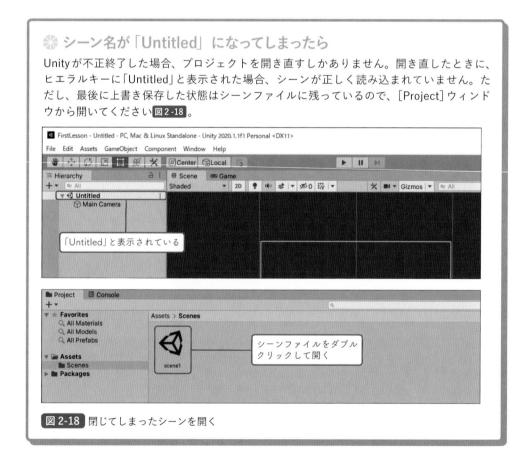

図 2-18 閉じてしまったシーンを開く

🖵 エラーを探すコツ

　うまく動きましたか？　動かなかった場合は何か間違えているかもしれません。その場合は［Console］ウィンドウを見直してみましょう。エラーの理由と場所を示すメッセージが表示されているはずです 図2-19 。

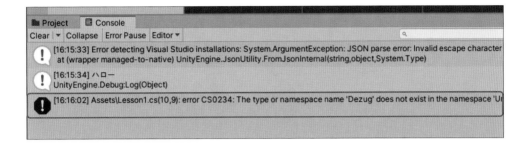

```
Assets\Lesson4.cs(10,9): error CS0234: The type or namespace name 'Dezug'
does not exist in the namespace 'UnityEngine' (are you missing an assembly
reference?)
```

図 2-19 　スクリプトのエラーを示すメッセージ

　Unity がエラーの場所も検出できた場合は、「ファイル名（行番号, 列番号）」という形で場所を教えてくれます。エラーメッセージをダブルクリックすると、Visual Studio でそのファイルが表示されるので、その行を探しましょう。

　ちなみに、上記のメッセージは Lesson1.cs の 10 行目に「Debug.Log」と入力すべきところを「Dezug.Lag」と入力してしまったのが原因です 図2-20 。こんなちょっとの間違いでも許されないのです。なかなか厳しいですね。

```
 4
 5     public class Lesson1 : MonoBehaviour
 6     {
 7         // Start is called before the first frame update
 8         void Start()
 9         {
10             UnityEngine.Dezug.Lag("ハロー");
11         }
12
13         // Update is called once per frame
14         void Update()
15         {
16
```

図 2-20 　間違って入力したスクリプト

プログラムの基本的な用語を覚えよう

さっきは特に説明もせずに入力してもらいましたが、今度はそれぞれの意味を説明していきます。クラス、メソッド、ブロック、演算子、式といった用語がわかってくると、意味不明だったスクリプトの正体が見えてくるはずです。

C#のプログラムの基本形を知ろう

プログラムはブロックに分かれている

先ほど特に説明もせずに入力してもらったスクリプトを見直してみましょう。何カ所かに { }（ブレスまたは中カッコ）がありますが、これは範囲を表すもので、{ } で囲まれた範囲をブロックといいます。つまり、C#のプログラムはいくつかのブロックの組み合わせでできているのです。

各部分の役割は次のとおりです。

```
using System.Collections;                              ❶usingディレクティブ
using System.Collections.Generic;
using UnityEngine;


public class Lesson1 : MonoBehaviour {                 ❷Lesson1クラスの定義


    // Start is called before the first frame update   ❸コメント文
    void Start ()
    {                                                  ❹Startメソッドの定義
        UnityEngine.Debug.Log("ハロー");               ❺Startメソッドの中身

    }


    // Update is called once per frame                 ❻コメント文
    void Update ()
    {                                                  ❼Updateメソッドの定義


    }
}
```

❶usingディレクティブ

これらはusingディレクティブといい、Unityのクラスを利用する際に書きます。

それほど重要なものではないので、あとで説明します。

❷Lesson1クラスの定義

　後続のブロックがLesson1というクラス（class）の内容であることを意味しています。このように、クラスなどの内容を書くことを定義するといいます。とりあえず、C#では基本的にクラスのブロックの中に処理を書くということだけ覚えておいてください。

```
public class Lesson1 : MenoBehaviour
```

❸コメント文

　コメント文はスクリプト中に注意書きを残すためのもので、プログラムとしての働きはありません。ここには「Use this for initialization（初期化のためにこれを使え）」とあり、この後のStartメソッドの役割を説明しています。

　//（スラッシュ2つ）で始めるものを一行コメントと呼び、//から改行までがコメント文になります。複数行にまたがるコメントを書きたいときは/*と*/で囲みます。コメント文はプログラムに影響しないので、コメントの中で日本語を使ってもかまいません。

```
// 一行コメント
/*
複数行コメント
*/
```

❹Startメソッドの定義

　メソッドとは、簡単にいうと命令のことです。C#では、プログラムを書く人が自由に新しいメソッドを作れるしくみになっていて、メソッドをつくることをメソッドを定義するといいます。つまりここではStartというメソッドを作っており、後続するブロックがStartメソッドの内容となることを意味しています。

```
void Start ()
```

❺Startメソッドの中身

　この一行はさっき追加してもらったものですね。Startメソッドのブロックの中にあるので、Startメソッドの処理の一部ということになります。この文が[Console]ウィンドウに「ハロー」という文字を表示していました。

```
UnityEngine.Debug.Log("ハロー");
```

❻コメント文

　このコメント文はUpdateメソッドの役割を説明しています。

❼Updateメソッドの定義

Updateという別のメソッドの定義です。中には何も書いていないのでUpdateメソッドは何もしません。このメソッドは今回使わないので削除してもかまわないのですが、削除するのも手間なので残しています。

ブロックに注目して情報を整理してみましょう。先ほどのスクリプトでは、Lesson1クラスの定義のブロックの中に、StartメソッドとUpdateメソッドのブロックが書かれていました。図にすると次のようになります 図2-21 。

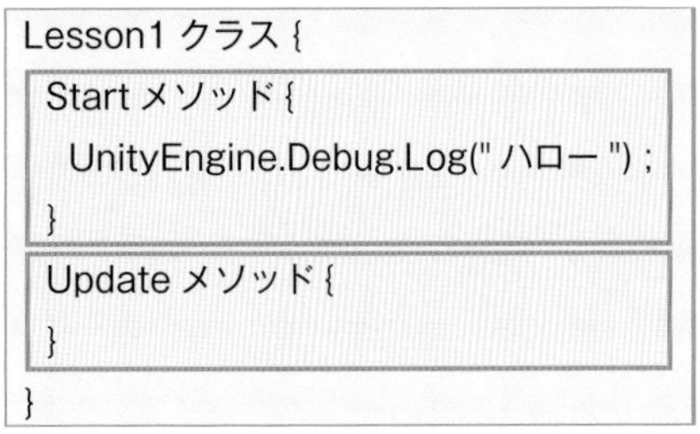

```
Lesson1 クラス {
  Start メソッド {
    UnityEngine.Debug.Log(" ハロー ") ;
  }

  Update メソッド {
  }
}
```

図 2-21
ブロックの関係

メソッドは命令なので、実際に仕事をするのはStartメソッドかUpdateメソッドということになります。では、Lesson1クラスは何をしているのかというと、実は何もしていません。C#ではメソッドは必ずクラスの中に書くという決まりなので、書いているだけです。このChapterの最後で改めて説明しますが、クラスとメソッドの関係は「会社と社員」とか「クラブと部員」のような関係だと思ってください。実際に仕事をするのは個々の社員ですが、会社という枠組みでまとめているのです。

メソッドの呼び出し

Startメソッドの中に書いた「Debug.Log("ハロー") ;」という文。今回のスクリプトの中で本当に仕事をしているのはこの一文だけです。これはメソッドの呼び出しで、他のどこかで定義されたメソッドを呼び出して、仕事をさせるという意味です 図2-22 。

Logメソッドの仕事は[Console]ウィンドウにメッセージを表示することです。そのため「ハロー」という文字が[Console]ウィンドウに表示されたのです。

UnityEngine.Debug.Log(" ハロー ");

名前空間名　　　クラス名　メソッド名　　引数　　文の終わり

図 2-22 メソッドの呼び出しの書き方

呼び出すメソッドもどこかのクラスの中で定義されているので、それを呼び出すときは「クラス名.メソッド名」のように.(ドット)でつないで書きます。Logメ

ソッドはDebugクラスの中で定義されているので「Debug.Log」となります。ただし、Debugという名前のクラスは他にもあるため、それと区別するために「UnityEngine」という名前空間名も付けています。

メソッドに渡すデータを引数(ひきすう)といい、メソッド名のあとの( )の中に書きます。今回Logメソッドに渡すのは「ハロー」という文字で、文字は"(ダブルクォート)で囲む決まりなので、「("ハロー")」となります。

メソッドによっては複数の引数を渡すこともあり、その場合は,(カンマ)で区切ります。

最後の;(セミコロン)は文の終わりを表します。ブロックの始まりと終わり以外はだいたい;を付けると思っておいてもいいでしょう。

いろいろと一気に説明したのでちょっと混乱するかもしれませんが、ここで説明したようなことは、このあとサンプルプログラムを入力していけば、自然と覚えられるはずです。

一番覚えてほしいことは、Debug.LogメソッドがLesson1のStartメソッドから呼び出されたように、メソッドは他のメソッドから呼び出されるという点です。StartメソッドやUpdateメソッドの場合は、Unityのゲームを実行するシステムから呼び出されますが、それらもUnityのシステム内のメソッドから呼び出されていると考えれば同じことです 図2-23 。

図 2-23 メソッドが呼び出される流れ

このようにメソッドからメソッドが呼び出される流れが連鎖して、Unityのプログラムは動いていくのです。

❀ Debug.Log がエラーになる

UnityEngine.Debug.Logメソッドは、本来はDebug.Logと書くだけでも動作します。ところが、Visual Studioの入力支援機能が原因で、「System.Diagnostics.Debug」という別のDebugクラスを読み込もうとして、両者が判別できなくなってエラーになることがあります。そこで本書では、「UnityEngine」も付けて書くことでエラーを防いでいます。この現象はDebugクラスに限らず、UnityとC#標準で同名のクラスが存在する場合、起きることがあります。

式を書いて計算しよう

四則演算を行う式

最初のプログラムの構造がだいたいわかったところで、少しずついろいろなことを覚えていきましょう。まずは計算を行う式（しき）の書き方からです。コンピューターはもともとcompute（計算）という言葉から生まれたものなので、計算は大の得意です。

Lesson1.csのLogメソッドの中を次のように修正して保存し、再生モードで実行してください コード2-02 。

コード2-02 Lesson1.cs

```
public class Lesson1 : MonoBehaviour {

    // Start is called before the first frame update
    void Start ()
    {
        UnityEngine.Debug.Log("3×4は" + 3 * 4);
    }
    ……後略……
```

3×4という計算をさせ、「3×4は」という文字と一緒に表示させてみました。結果が「3×4は12」と表示されたら成功です 図2-24 。

図 2-24
実行結果

Logメソッドの引数として渡したのが式です 図2-25 。

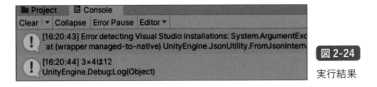

図 2-25
式

この式は値（あたい）と演算子（えんざんし）の組み合わせでできています 表2-01 。値というのはデータのことで、文字列も値の一種です。前に説明したように文字列は"（ダブルクォート）で囲みます。数値の値はそのまま書きます。

演算子はその左右にある値を計算する記号です。+演算子は両側の値が数値なら

足し算を行い、どちらか一方が文字列なら連結した文字列にします。*演算子は手書きの式の×にあたるもので、掛け算を行います。

演算子	働き
+	なら足し算、片方が文字列なら連結
-	両側が数値なら引き算、左が値でない場合は負の値を表す
*	掛け算を行う
/	割り算を行う
%	割った余りを求める

表 2-01 計算に使われる演算子

演算子にはこの他にもいろいろあります。メソッドの呼び出しに使う.（ドット）や（ ）（カッコ）も、実は演算子の一種です。

🔵 計算の順序に注意しよう

複数の演算子を使った式を書く場合、いくつか注意しないといけない点があります。今度は次の式を試してみてください **コード 2-03** 。

コード 2-03 Lesson1.cs

```
void Start ()
{
    UnityEngine.Debug.Log("1＋8×4は" + 1 + 8 * 4);
}
……後略……
```

この計算は間違っていますね **図 2-26** 。「1+8×4」という計算の場合、掛け算が先になるのでまず8×4で32となり、「1+32」で結果は33にならなければいけません。

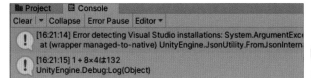

図 2-26

なぜか132という結果が表示される

C#では演算子の優先順位というものが決められていて、式の中で優先順位の高いものから順に計算されます。*演算子は＋演算子より優先順位が高いので、先に「8 * 4」という計算が行われます。次は＋演算子の番ですが、こちらは2つあります。その場合は左にあるものから順に計算されるので、先に「"1+8×4は" + 1」という文字列の連結が行われてしまい、それと32を連結した「"1+8×4は132"」という結果になってしまうのです **図 2-27** 。

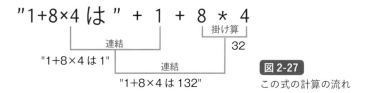

図 2-27
この式の計算の流れ

この問題を解決するために、( )演算子を使って計算の優先順位を変えます。次のように数値計算の部分だけを囲んでください コード 2-04 。

コード 2-04 Lesson1.cs

```
void Start ()
{
    UnityEngine.Debug.Log("1＋8×4は" + (1 + 8 * 4));
}
……後略……
```

カッコ内のほうが優先順位が上がるため、先に数値の計算が済んでから文字列と連結されるようになります 図 2-28 図 2-29 。

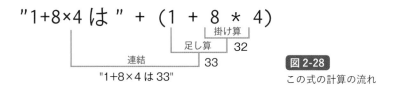

図 2-28
この式の計算の流れ

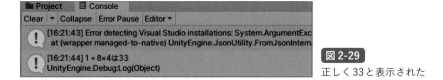

図 2-29
正しく 33 と表示された

参考として演算子の優先順位の表を載せておきます 表 2-02 。説明前の演算子がたくさんあるので、完全には意味がわからないと思いますが、今すぐ暗記する必要はありません。優先順位が気になったときに見返してください。

順位	カテゴリ	演算子
1	基本式	. () [] x++ x-- new typeof checked unchecked
2	単項式	+ - ! ~ ++x --x (T)x
3	乗法式	* / %
4	加法式	+ -
5	シフト	<< >>
6	関係式と型検査	< > <= >= is as
7	等値式	== !=
8	論理 AND	&
9	論理 XOR	^
10	論理 OR	|
11	条件 AND	&&
12	条件 OR	||
13	条件	?:
14	代入	= *= /= %= += -= <<= >>= &= ^= | =

表 2-02 演算子の優先順位

変数にデータを記録しよう

変数と型

　式の次は変数（へんすう）を覚えましょう。変数は値を一時的に記録しておくためのものです。ゲームであれば、スコアやキャラクターの位置など、さまざまなものを変数に記録します。

　変数を使うときに注意が必要なのが、値の種類にあわせた変数を用意する必要がある点です。数値を記録したければ数値用の変数を、文字列を記録したければ文字列用の変数を用意しなければいけません 図2-30 。

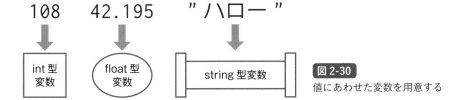

108　　42.195　　"ハロー"

int型変数　　float型変数　　string型変数

図 2-30
値にあわせた変数を用意する

変数の種類のことを型（かた）といい、次の表に示すのは組み込み型という標準で用意されているものの一部です 表2-03 。さらにクラスをつくることで型を増やすことができます。

組み込み型	意味
bool	真偽値（true または false）
double	64 ビット浮動小数点数値
float	32 ビット浮動小数点数値
int	32 ビット整数
string	文字列

表 2-03
主なC#の組み込み型

8ビット、32ビット、64ビットとあるのは変数のデータサイズで、大きいものほど広い範囲の数値が記録できますが、メモリを少し多めに消費します。

○ 変数の宣言

変数を使ってみましょう。Lesson1.csを次のように書き換えてください コード2-05 。

コード 2-05 Lesson1.cs

```
void Start ()
{
    int x = 108;
    UnityEngine.Debug.Log("xは" + x);
}
……後略……
```

ものすごく簡単な例なので、何が起きたのか何となくわかった人もいるかもしれませんが、説明しておきましょう 図2-31 。

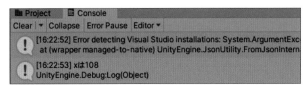

[16:22:52] Error detecting Visual Studio installations: System.ArgumentExc
at (wrapper managed-to-native) UnityEngine.JsonUtility.FromJsonIntern
[16:22:53] xは108
UnityEngine.Debug:Log(Object)

図 2-31
実行結果

Startメソッド内の1行目では、変数の宣言と初期化を行っています。変数の宣言というのは、名前を決めて新しい変数をつくることで、「型名 変数名;」という形で書きます。つまりここでは整数のためのint型の変数xを作成しています。

```
型名 変数名;
int x;
```

変数名には半角の英数字を組み合わせた文字列を使います。わかりやすいよう長い名前にしてもいいですが、次のような制限があります。

- 「1」のような数値のみの名前は値と区別できないので使えません。
- 「public」や「class」のようにC#が別の目的で使っている名前（予約語）は使えません。
- 演算子に使われている記号を含めることはできません。
- 半角スペースは単語の区切りを意味するので、名前の途中に使うことはできません。

実はC#では日本語も使えますが、入力するのが大変になるので普通は使いません。

▢ 変数への代入と初期化

サンプルでは変数名のあとに「= 108」と続けています。これは変数xに108という値を記録するという意味です。変数に値を記録することを代入（だいにゅう）といい、代入演算子の＝（イコール）を使います。数学で習うように「等しい」という意味ではないので注意してください。

サンプルのように変数の宣言と代入を同時に行った場合は、変数の初期化といいます。

```
x = 108;
```

値を代入した変数は、その値とまったく同じように使うことができます。つまり、引数や式の中に書くことができます。

```
UnityEngine.Debug.Log("xは" + x);
```

▢ 実数の扱い

先ほど変数に記録したのは整数（せいすう）——つまり小数点以下の桁を持たない数値でした。実際のゲームでは、小数点以下の桁を持つ実数（じっすう）を扱うことも多いはずです。今度は実数を変数に記録させてみましょう。変数xに代入する値を「42.195」に変更して保存してみてください コード 2-06 。

コード 2-06 Lesson1.cs

```
void Start ()
{
    int x = 42.195;
    UnityEngine.Debug.Log("xは" + x);
}
……後略……
```

おや？　エラーになってしまいましたね。「Cannot implicitly convert type 'double' to 'int'（double型を暗黙的にintには変換できない）」とあります 図2-32 。

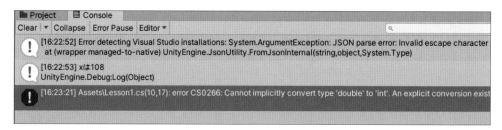

図 2-32 実行結果

そういえば、変数には種類があって、整数の場合はint型、実数の場合はfloat型を使わなければいけないのでした。変数の型をfloatに変更してみましょう コード 2-07 。

コード 2-07 Lesson1.cs

```
void Start ()
{
    float x = 42.195;
    UnityEngine.Debug.Log("xは" + x);
}
……後略……
```

保存するとまたエラーです。「Literal of type double cannot be implicitly converted to type 'float', use an 'F' suffix to create a literal of this type（double型のリテラルをfloat型に暗黙的に変換することはできない。この型のリテラルをつくるにはサフィックス「F」を追加せよ）」とあります。リテラルというのは値のことで、サフィックスは日本語では「後置詞」といい、何かの名前などのあとに付ける文字のことです 図2-33 。

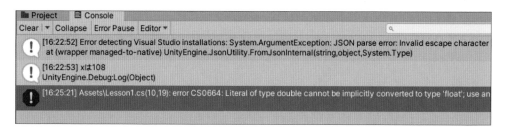

図 2-33 実行結果

実はスクリプト内に「42.159」のような小数点以下を含む値を書くと、double型の値ということになるのです。float型の値を書く場合は数値のあとに「f」か「F」を付けます コード 2-08 。

コード 2-08 Lesson1.cs

```
void Start ()
{
    float x = 42.195f;
    UnityEngine.Debug.Log("xは" + x);
}
……後略……
```

ようやく実行できました 図2-34 。要するにC#は値や変数の型を厳密にチェックするということです。次の2点を覚えておいてください。

- 実数を記録したいときはfloat型かdouble型を使う。
- float型変数に代入する値にはfを付ける。

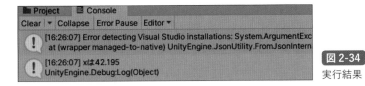

図 2-34
実行結果

型の変換

このように型が違う変数には代入できないのですが、型変換またはキャストと呼ばれる機能を使うと、型を変換して代入することができます。

型変換するには、値や変数、式の前に(型名)を付けます。

実際にやってみましょう。float型の数値をint型に変換し、int型の変数に代入します コード 2-09 。

コード 2-09 Lesson1.cs

```
void Start ()
{
    int x = (int)42.195f;
    UnityEngine.Debug.Log("xは" + x);
}
……後略……
```

整数のint型に変換したので小数点以下の桁数は切り下げられてしまいますが、エラーにはなりません 図2-35 。

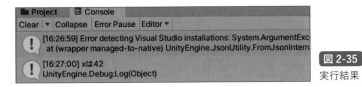

図 2-35
実行結果

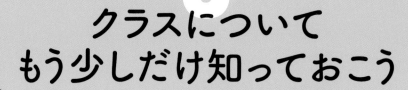

3 クラスについて もう少しだけ知っておこう

これまで無視してきた「クラス」ですが、実は重要な役割を持っています。
ここではクラスの目的や使い方を、Unityを使う上で必要な範囲に絞って説明します。

クラスは何のためにある?

部品を組み合わせてプログラムをつくる

ここで改めて「クラス(Class)」について説明していきましょう。C#はオブジェクト指向プログラミング言語というものの一種で、「オブジェクト」と呼ばれる部品を組み合わせてプログラムを開発します。このオブジェクトの設計図となるものが「クラス」です。

例えば、ゲームの中には「主人公キャラ」「敵キャラ」「障害物」「ステージ(舞台)」などの要素が出てきます。これらをゲームの部品(オブジェクト)と見なして、その設計図としてクラスを書いていきます 図2-36 。

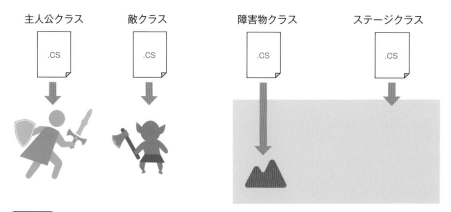

| 主人公クラス | 敵クラス | 障害物クラス | ステージクラス |

図 2-36 クラスはオブジェクト(部品)の設計図

これまで、クラスの中にメソッドや変数などを書いてきました。メソッドがオブジェクトの働きを決め、変数(正確にはあとで説明するメンバー変数)がオブジェクトのデータを記憶します。例えば、「主人公クラス」の「Moveメソッド」を呼び出すと、主人公が移動したりするわけです。

クラスからインスタンスをつくる

ゲームの種類にもよりますが、アクションゲームであれば同じ種類の敵キャラクターが何匹も出てきます。ということは、敵キャラのクラスをつくるとしても、複数出現できるようにしなければいけません。

C#ではクラスという設計図をもとにして、実際に使う実体をつくります。クラスからつくった実体のことをインスタンスと呼びます。クラスからインスタンスをつくるには、new演算子を使って次のような感じに書きます。

```
Goblin gob1 = new Goblin("ゴブ夫", 1, 2);
Goblin gob2 = new Goblin("ゴブ吉", 3, 4);
Goblin gob3 = new Goblin("ゴブ郎", 6, 8);
```

クラスからインスタンスをつくると、プログラムが動くメモリ空間の中に、インスタンスを記録する領域が確保されます。それぞれメモリ上の別の場所に確保されるので、異なる値を記録できるわけです 図 2-37 。

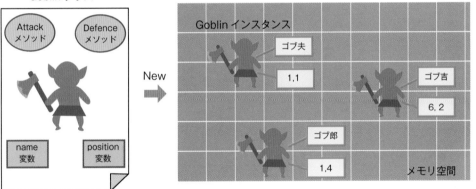

図 2-37 1つのクラスから複数のインスタンスをつくる

クラスは新しい型になる

先ほどの例でもちらっと見えていますが、クラスのインスタンスを利用するときは、そのクラスの型の変数に代入して使います。つまりクラスをつくるたびに、新しい型ができることになります。

また、クラスの中のメソッドや変数を利用したいときは、Debug.Logのように.（ドット）演算子を利用します。

```
gob1.attack();
gob1.name = "ゴブ夫";
```

クラスの継承で機能を引き継ぐ

GoblinクラスやDragonクラス、Slimeクラスなどいろいろな敵キャラクターのクラスをつくるとします。ただ、似たようなクラスを実際につくってみると、ほぼ同じ処理が必要になることがわかってきます。どの敵キャラクターでも「名前」は必要ですし、「攻撃」や「防御」をしますね。

こういう場合、C#では共通部分をまとめたMonsterクラスをつくり、その機能を引き継いだ子のクラスを作成します。このしくみを継承（けいしょう）といいます 図2-38 。

図 2-38 継承を使って新しいクラスをつくる

実はすでに皆さんも継承を使っています。Lesson1クラスの定義のところに「:MonoBehaviour」とありましたが、これはMonoBehaviour（モノビヘイビア）クラスを継承したクラスをつくるという意味なのです。

```
public class Lesson1 : MonoBehaviour {
```

Startメソッドを書くと初期化時に実行されたのも、MonoBehaviourクラスの機能を引き継いでいるおかげです。

クラスのメンバー変数を使ってみよう

ここからクラスの実際の使い方について説明していきますが、Unityの場合、クラスをゼロからつくることはさほど多くありません。そこですでにあるLesson1クラスに対して、メンバー変数とメソッドを追加する方法を説明します。

まずはメンバー変数の使い方からです。メンバー変数の定義方法は普通の変数と同じで、違いはメソッドの{ }の外に書くという点です。もう1つの違いは複数のメソッドで共用できるという点です 図2-39 。

```
class Lesson1 {
    string PlayerName = "X";············· ┈┈→ メンバー変数を定義

    Start メソッド {
        PlayerName = "A";··············· ┈┈→ メンバー変数に代入
    }

    Update メソッド {
        UnityEngine.Debug.Log(PlayerName);· ┈┈→ メンバー変数を利用
    }
}
```

図 2-39 メンバー変数はメソッドから利用できる

先ほどは説明しませんでしたが、メソッドの{ }内で定義した通常の変数(ローカル変数ともいいます)は、そのメソッドの中でしか使えません。そのため、メソッドをまたいでデータを記憶したい場合は、メンバー変数を作ります。

一時的にしか使わないデータか、長く使うデータかで、変数とメンバー変数を使い分けるのね。

実際にやってみましょう。string型のPlayerNameというメンバー変数を定義し、初期値として「no name」という文字列を入れておきます。そして、Startメソッドの中で「John」という文字列を代入し、Updateメソッドの中でDebug.Logメソッドで表示します コード 2-10 。

コード 2-10 Lesson1.cs

```
using System.Collections;
using System.Collections.Generic;
using UnityEngine;

public class Lesson1 : MonoBehaviour
{
    string PlayerName = "no name";

    // Start is called before the first frame update
    void Start()
```

```
{
    PlayerName = "John";
}

// Update is called once per frame
void Update()
{
    UnityEngine.Debug.Log(PlayerName);
}
}
```

これを実行するとどうなるのでしょうか？　さっそく試してみましょう 図2-40 。

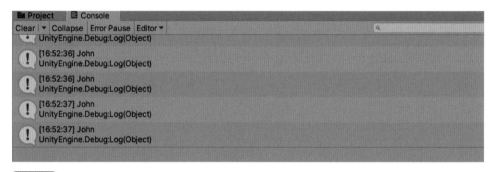

図2-40 大量に「John」と表示された

　Startメソッドはゲームオブジェクトの出現時に呼び出されます。そのため、PlayerNameには「John」が代入されます。Updateメソッドはゲームオブジェクトの更新時に呼び出されます。オブジェクトの更新については次のChapterでも説明しますが、1秒間に数十回のペースです。そのため「John」が大量に表示されたのです。これはゲームの実行を止めるまで繰り返されます。

　あまり意味のない例ですが、メンバー変数が複数のメソッドから共用できることが確認できましたね。

❀ メンバー変数とフィールド

本書ではメンバー変数と呼んでいますが、実はマイクロソフトのC#リファレンス上は「フィールド」が正式な呼び名です。ところがUnityのリファレンスでは同様のものを「変数」や「プロパティ」と呼んでいます。変数のままだと、通常の変数と区別できないので、本書ではメンバー変数と呼ぶことにしました。
また、Unityリファレンスでは、メソッドのことを「Static関数」や「Public関数」と呼んでいます。

● パブリック変数を使ってみよう

先ほど作ったメンバー変数PlayerNameは、Lesson1クラスの中でしか使えません。これを外部（他のクラスなど）から使えるようにする方法があります。メンバー変数の型の前にpublic（パブリック）を付けるのです。これをパブリック変数といいます。

Lesson1を次のように修正してください。PlayerNameにpublicを付け、Startメソッドの中の代入する処理を消します コード 2-11 。

コード 2-11 Lesson1.cs

```
using System.Collections;
using System.Collections.Generic;
using UnityEngine;

public class Lesson1 : MonoBehaviour
{
    public string PlayerName = "no name";

    // Start is called before the first frame update
    void Start()
    {


    }

    // Update is called once per frame
    void Update()
    {
        UnityEngine.Debug.Log(PlayerName);
……後略……
```

Lesson1.csを上書き保存したら、Unityエディタに切り替え、GameObjectを選択してインスペクターを見ると、Lesson 1に［Player Name］というボックスが表示され、初期値として代入した「no name」が入っています 図2-41 。

図 2-41 パブリック変数を確認

パブリック変数は、Unityエディタから値を設定できます。[Player Name]に適当な名前を入力し、ゲームを実行してみてください。Updateメソッドによって、入力した名前が繰り返し表示されます 図2-42 。

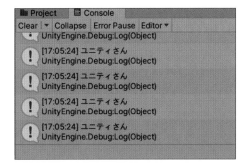

図 2-42 パブリック変数を設定して実行

このようにパブリック変数を利用すると、スクリプトが使用する設定値を外部から書き換えて、プログラムの動作を変化させることができます。なお、パブリック変数に設定した値は、シーンのファイルに保存されます。シーンを保存せずにUnityを終了した場合、設定値が失われるので注意してください。

メソッドをつくる

ここまで最初からあるStartメソッドやUpdateメソッドを利用してきましたが、独自のメソッドを定義することもできます。

メソッドの定義の書き方は次のとおりです。

```
戻り値の型 メソッド名（引数の型 引数名）{
    メソッド内で実行する処理
    return 戻り値 ;
}
```

戻り値というのはメソッドが返す値のことです。戻り値を返す必要がない場合はvoid（ボイド）と書いておきます。StartメソッドやUpdateメソッドは戻り値を返さないため、voidになっています。

それではメソッドを定義してみましょう。先にメソッドを使わずにUpdateメソッドにある処理を加えてみます。DateTime.Now.ToLongTimeStringというメソッドを使って、現在時刻を表す文字列を取得し、それをPlayerNameと連結して表示します コード 2-12 。

DateTimeクラスを使うために「using System;」も追加してください。

コード 2-12 Lesson1.cs

```csharp
using System;
using System.Collections;
using System.Collections.Generic;
using UnityEngine;

public class Lesson1 : MonoBehaviour
{
    public string PlayerName;

    // Start is called before the first frame update
    void Start()
    {
    }

    // Update is called once per frame
    void Update()
    {
        string curtime = DateTime.Now.ToLongTimeString();
        UnityEngine.Debug.Log(PlayerName + "「今は" + curtime + "」");
    }
}
```

ゲームを実行すると、現在時刻が表示されます 図 2-43 。

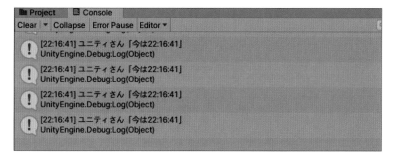

図 2-43 現在時刻が表示される

『名前＋「今は○○:○○:○○」』と表示する部分を、メソッドにしてみましょう。引数として名前の文字列を受け取ると、それに現在時刻を連結したメッセージとして返します。メソッドの名前は GetMessage としましょう コード 2-13 。

コード 2-13 Lesson1.cs

```csharp
using System;
using System.Collections;
using System.Collections.Generic;
using UnityEngine;
```

```
public class Lesson1 : MonoBehaviour
{
    public string PlayerName;

    // Start is called before the first frame update
    void Start()
    {

    }

    // Update is called once per frame
    void Update()
    {
        string message = GetMessage(PlayerName);
        UnityEngine.Debug.Log(message);
    }

    string GetMessage(string messenger)
    {
        string curtime = DateTime.Now.ToLongTimeString();
        return PlayerName + "「今は" + curtime + "」";
    }
}
```

GetMessageメソッドはUpdateメソッドから呼び出しています。実行結果は先ほどの コード2-12 と変わりません 図2-44 。

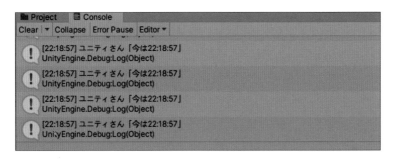

図 2-44 GetMessageメソッドを定義したあとの実行結果

結果は同じなので、メソッドを定義する意味はないように感じるかもしれません。この例はメソッドの書き方を説明するための短いものなので実用性がないのですが、メソッドを定義することには次のようなメリットがあります。

- スクリプトが長くなった場合、メソッドに分けることで把握しやすくなる。
- GetMessageなどの名前を付けることで、何の処理なのかがわかりやすくなる。
- スクリプト内の複数箇所から呼び出せる（同じ処理を何度も書かなくて済む）。

Chapter 3
条件分岐と繰り返しをマスターしよう

❋ 3-1 条件によって切り替える ・・・・・・・・・・・・・・・・・・・・・・・・・・・・・・・・・・・ 054
❋ 3-2 同じ仕事を繰り返す ・・・・・・・・・・・・・・・・・・・・・・・・・・・・・・・・・・・・・・・ 065
❋ 3-3 配列変数で複数のデータを扱おう ・・・・・・・・・・・・・・・・・・・・・・・・・ 071

1 条件によって切り替える

プログラムの流れを変える「制御構文」には、条件分岐と繰り返し処理の2種類があります。まずは条件分岐のif文とswitch文から説明しましょう。ちょっと複雑なので、慣れるまでは流れ図を書きながら確認することをおすすめします。

● 条件分岐とif文

制御構文はプログラムの流れを変える

Chapter 2では、クラスやメソッド、変数、式などいろいろなものを勉強しました。ただしそれらだけではゲームは作れません。なぜならプログラムの流れが一直線だからです。プログラムを起動してから、インスタンスがつくられるタイミング、メソッドが呼び出されるタイミングがつねに同じなので、結果もつねに同じになります。常に結果が同じになるゲームなんておかしいですよね。

この章で説明する制御構文を使えば、プログラムの流れを状況にあわせて変えることができます。

制御構文には大きく分けて次の2種類があります。条件チェックしてどちらの処理を行うかを決める条件分岐と、同じ処理を繰り返す繰り返し処理です。繰り返し処理は英語で「輪」を意味するループとも呼ばれます 図 3-01 。

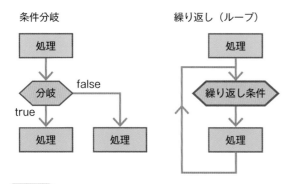

図 3-01 条件分岐と繰り返し

if文の使い方

条件分岐の文の中でも基本となるif（イフ）文の書き方から説明しましょう。

if文の書き方は次のとおりです。

```
if(条件式){
    条件を満たすときに実行する処理
}
```

条件式の結果がtrue（トゥルー、真）という値になると、後続するブロックの処理が実行されます。結果がtrueではない、つまりfalse（フォルス、偽）になった場合は後続のブロックをスキップしてその次の処理に進みます。

実際にやってみましょう。Chapter 2に引き続いてFirstLessonプロジェクトを使いますが、スクリプトは別に作成することにしましょう。名前は「Lesson2」とします。ヒエラルキーでGameObjectゲームオブジェクトを選び、次のように操作します 図 3-02 。

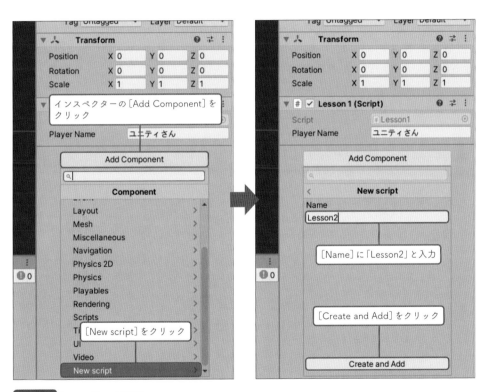

図 3-02 Lesson2.csの作成

インスペクターを見ると2つのスクリプトが関連付けられた状態になっています。古い「Lesson 1」のチェックを外して無効化します。これで無効化したスクリプトは実行されなくなります。次に［Project］ウィンドウからLesson2.csを探してアイコンをダブルクリックします 図 3-03 。

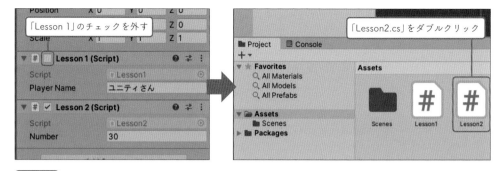

図 3-03 Lesson2のみを有効にする

次のようにStartメソッドに追記して上書き保存し、実行してください コード 3-01 。

コード 3-01 Lesson2.cs

```csharp
using System.Collections;
using System.Collections.Generic;
using UnityEngine;

public class Lesson2 : MonoBehaviour
{
    public int Number = 0;

    // Start is called before the first frame update
    void Start()
    {
        if (Number < 100)
        {
            UnityEngine.Debug.Log(Number + "個ですね");
        }
        UnityEngine.Debug.Log("終了");
    }
    ……後略……
```

これはパブリック変数Numberをif文で100と比較して、100より小さかったら
「Number個ですね」と表示する処理です 図 3-04 。

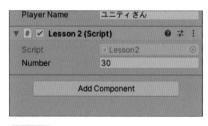

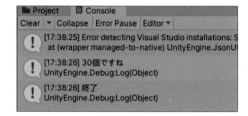

図 3-04 実行結果

if文の「Number < 100」という条件式は、変数NumberがNumberより小さいかどうかを比較しています。試しに変数Numberに代入している値を130などに変更してみましょう 図3-05 。

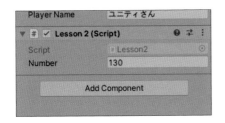 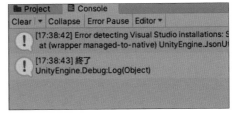

図 3-05 実行結果

今度は「終了」とだけ表示されました。if文のブロックの後にある処理は、条件がtrueのときもfalseのときも実行されます 図3-06 。

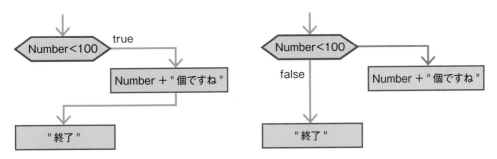

図 3-06 変数の値によって処理の流れが変わる

関係演算子と等値演算子

条件式を書くときに使う演算子は2種類あります。大きいか小さいかを調べる関係演算子と、等しいか等しくないかを調べる等値演算子です。比較の結果が正しいときはtrueを、間違っているときはfalseという結果を返します 表3-01 。

演算子	使用例	働き
<	a < b	より小さい
<=	a <= b	以下
>	a > b	より大きい
>=	a >= b	以上
==	a == b	等しい
!=	a != b	等しくない

表 3-01 条件式で使われる演算子

trueやfalseを返すのであれば、演算子を使った式以外も使えます。メソッドでもOKです。

else文

条件式の結果がfalseのときだけ実行したい場合はelse（エルス）文を使います。
試してみましょう コード3-02 図3-07 。

コード3-02 Lesson2.cs

```
public int Number = 0;

// Start is called before the first frame update
void Start()
{
    if (Number < 100)
    {
        UnityEngine.Debug.Log(Number + "個ですね");
    }
    else
    {
        UnityEngine.Debug.Log("多すぎます。100個未満にしてください");
    }
    UnityEngine.Debug.Log("終了");
}
```

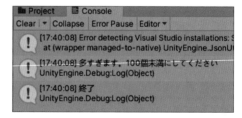

図3-07 実行結果

スクリプトを見ただけだと違いがわかりにくいかもしれませんが、図にしてみる
とそれほど難しくないですね 図3-08 。

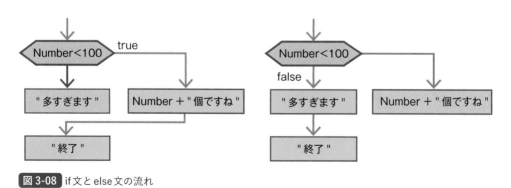

図3-08 if文とelse文の流れ

if文の組み合わせ

if文は複数組み合わせて書くこともできます。

例えば、if文のブロックの中でif文を書く場合です。これは条件がtrueのときに別の条件チェックを行うという意味になります。

```
// aとbが等しい場合
if (a == b) {
    // aが負の数かどうかチェック
    if (a < 0) {
        ......
    }
}
```

条件がfalseのときに条件をチェックするという書き方もあります。その場合はelse ifという書き方をします。

```
// aとbが等しい場合
if (a == 1) {
} else if (a == 2) {

} else if (a == 3) {

}
```

if文の組み合わせはややこしいので、迷ったときは図を描いてみることをおすすめします 図 3-09 。

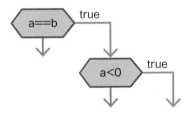

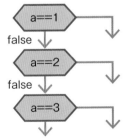

図 3-09 if文の組み合わせ

組み合わせられるんだってことだけでも頭に入れておこう。

● 演算子を使って条件を組み合わせる

if文の組み合わせを使うとややこしい上にプログラムも長くなります。代わりに条件AND演算子と条件OR演算子を使って複数の条件式を組み合わせてみましょう 表3-02 。

演算子	使用例	働き
&&	条件式 && 条件式	左右の条件式が両方とも true のときに true を返す
||	条件式 || 条件式	左右の条件式のどちらかが true のときに true を返す

表3-02 条件AND演算子と条件OR演算子

条件AND演算子の&&は、左右の条件式が両方ともtrueのときにtrueになります。以下は2つの条件式を使って、「0より大きく、かつ100未満(つまり1〜99)かどうか」をチェックしています コード3-03 図3-10 。

コード3-03 Lesson2.cs

```
public int Number = 0;

// Start is called before the first frame update
void Start()
{
    if (Number < 100 && Number > 0)
    {
        UnityEngine.Debug.Log(Number + "個ですね");
    }
    else
    {
        UnityEngine.Debug.Log("1個以上100個未満にしてください");
    }
    UnityEngine.Debug.Log("終了");
}
……後略……
```

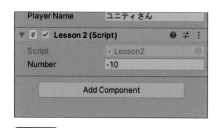
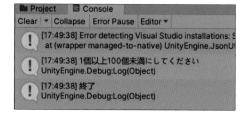

図3-10 実行結果

見慣れない記号ですがこれも式なので、優先順位に沿って計算されます。条件

AND演算子の優先順位はかなり低いので（P.39参照）、先に左右の2つの条件式の結果が求められます。両方の条件式ともtrueなら結果はtrueに、それ以外はすべてfalseになります 図3-11 。

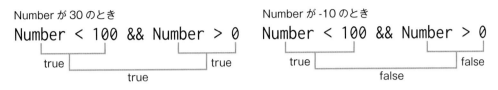

Number が 30 のとき
```
Number < 100 && Number > 0
```
true ─── true
true

Number が -10 のとき
```
Number < 100 && Number > 0
```
true ─── false
false

図3-11 条件AND演算子の式の流れ

今度は条件OR演算子です。条件OR演算子の || は、左右の条件式のどちらかがtrueのときにtrueになります。以下は2つの条件式を使って「0より小さい、または100以上（つまり1〜99ではない）かどうか」をチェックしています コード3-04 図3-12 。

コード3-04 Lesson2.cs

```csharp
public int Number = 0;

// Start is called before the first frame update
void Start()
{
    if (Number < 0 || Number >= 100)
    {
        UnityEngine.Debug.Log("1個以上100個未満にしてください");
    }
    else
    {
        UnityEngine.Debug.Log(Number + "個ですね");
    }
    UnityEngine.Debug.Log("終了");
}
……後略……
```

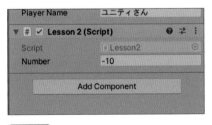
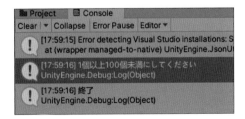

図3-12 実行結果

条件OR演算子の優先順位もかなり低いので、先に左右の2つの条件式の結果が

求められます。どちらかがtrueなら結果はtrueになります。両方ともtrueのとき
を含めて3つのパターンがありえます。falseになるのは両方ともfalseのときだけ
です 図3-13 。

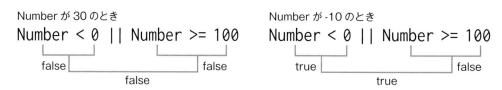

Number が 30 のとき
Number < 0 || Number >= 100
false ── false
false

Number が -10 のとき
Number < 0 || Number >= 100
true ── false
true

図3-13 条件OR演算子の式の流れ

　先ほどの条件AND演算子を使った例と見比べてみると、条件や結果が入れ替わっ
ているだけで、やっていることは同じだとわかります。このように条件分岐は「条
件を満たしている」ことをチェックする代わりに、「条件を満たしていない」ことを
チェックしてもいいのです。条件を満たしていないものを先に取り除いたほうがス
クリプトがシンプルになる場合は、後者の方法を選びます。

switch文を利用した分岐

　if文のほかの条件分岐用の文にswitch（スイッチ）文があります。if文はtrueか
falseの2択ですが、switch文は3択、4択……それ以上に分岐できるものです。
　switch文の変数の内容と、ブロック内のcase（ケース）ラベルの値が一致するか
を比較し、一致したらcaseラベルの後〜break文までを実行します。どのラベル
とも一致しない場合はdefault文のあとの処理が実行されます。

```
switch (変数や式) {
case 値1:
    値1のときに実行する処理
    break;
case 値2:
    値2のときに実行する処理
    break;

……いくつかのcaseラベル……

default:
    どのcaseラベルとも一致しない場合の処理
    break;
}
```

　また新しく「Lesson3」というスクリプトを作成し、古いLesson2のチェックを
外します 図3-14 。

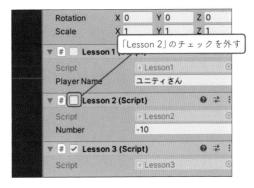

図 3-14 Lesson3.csの作成

Lesson3.csを入力してみましょう コード 3-05 。パブリック変数Commandに入力
した文字列に応じて、何かの処理を実行（実際はメッセージを表示するだけですが）
するプログラムです。

コード 3-05 Lesson3.cs

```csharp
using System.Collections;
using System.Collections.Generic;
using UnityEngine;

public class Lesson3 : MonoBehaviour
{
    public string Command = "no command";

    // Start is called before the first frame update
    void Start()
    {
        switch (Command)
        {
            case "save":
                UnityEngine.Debug.Log("保存します");
                break;
            case "print":
                UnityEngine.Debug.Log("印刷します");
                break;
            case "destroy":
                UnityEngine.Debug.Log("破壊します");
                break;
            default:
                UnityEngine.Debug.Log("命令が理解できません");
                break;
        }

    }
    ……後略……
```

Commandに"print"が入力されているときは、「印刷します」と表示されます
図 3-15 。

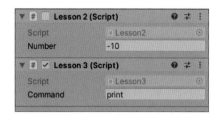
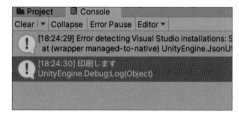

図 3-15 実行結果

"destroy"に変えると「破壊します」に変わります 図 3-16 。

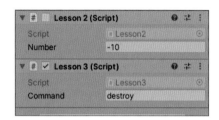
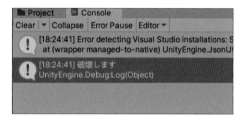

図 3-16 実行結果

　流れ図とあわせて見てみましょう。switch文のカッコ内の変数menuの内容と、case ラベルが一致するかどうかを比較していきます。一致したらラベルのあとの処理を実行し、break文でswitch文のブロックのあとにジャンプします。どれとも一致しない場合はdefault文のあとの処理が実行されます 図 3-17 。

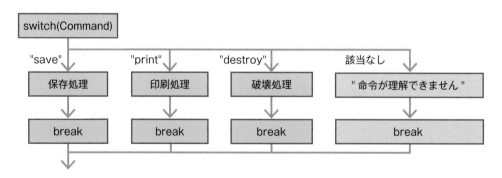

図 3-17 switch文の流れ

　caseラベルを追加すれば、switch文はいくらでも分岐を増やせます。ただし、caseラベルに変数や式を使うこともできません。数値か文字列だけです。つまり、if文のように大小を比較することはできず、等しいか等しくないかしかチェックできません。
　また、caseラベルのあとのbreak文は省略できそうな気がしますが、省略するとエラーになります。

2

同じ仕事を繰り返す

繰り返し処理（ループ）は、その名の通り同じ仕事を繰り返して実行する構文です。
ゲームプログラムの基本構造は「繰り返し」なので避けては通れません。C#には
while文、do-while文、for文などがあります。

● 繰り返しの基本とwhile文

◯ 繰り返し処理とは

プログラマーは「楽をするために努力する」ことが大事だといわれます。ちょっ
と矛盾しているようにも聞こえますが、要するに単純で機械的な作業を減らすよう、
勉強して工夫しようということですね。そのための基本ワザの1つが、ここで説明
する繰り返し処理です。

例えば1～10の数字を表示するプログラムをつくる場合、繰り返し処理を使わ
ないと同じ表示処理を10回書くことになります。繰り返し処理を使えばはるかに
短いプログラムで済みます 図3-18 。その上、繰り返し回数を増やすだけで、1～
100でも、1～1000でも簡単に対応できます。

```
UnityEngine.Debug.Log("1");
UnityEngine.Debug.Log("2");
UnityEngine.Debug.Log("3");
UnityEngine.Debug.Log("4");
UnityEngine.Debug.Log("5");
UnityEngine.Debug.Log("6");
UnityEngine.Debug.Log("7");
UnityEngine.Debug.Log("8");
UnityEngine.Debug.Log("9");
UnityEngine.Debug.Log("10");
```
→
```
for(int i=1; i<10; i++) {
    UnityEngine.Debug.Log(i);
}
```

図 3-18 繰り返し処理なら3行で書ける

10行がたったの3行
になっちゃった。
これは覚えなくちゃ
もったいないね！

条件を満たす間繰り返すwhile文

C#で使える繰り返し処理の構文は4種類ありますが、まずは一番シンプルな
while（ホワイル）文から覚えましょう。

```
while (条件式) {
    繰り返す処理
}
```

while文は条件式がtrueの間、ブロック内に書いた処理を繰り返します。流れ
図にしてみるとif文に似ていますね。ブロック内の処理を実行したあと、もう1回
while文まで戻って条件チェック、実行したあと戻って条件チェックを繰り返すわ
けです 図3-19 。

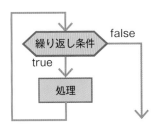

図 3-19 while文の流れ図

while文の用途は主に回数が決まらない繰り返しで、ゲームなら「ゲームオーバー
になるまでゲームの処理を続けたい」ときなどに使います。「テキストファイルか
らすべての行を読み込む」といった使われ方もよくされます。

実際にやってみましょう。また新しく「Lesson4.cs」というスクリプトを作成し、
古いLesson3のチェックを外します 図3-20 。

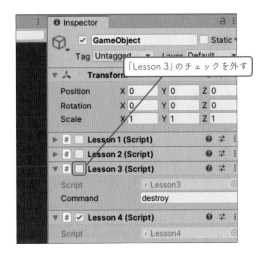

図 3-20 Lesson4.csの作成

Visual StudioでLesson4.csを開き、次のように入力してください コード 3-06 。

コード 3-06 Lesson4.cs

```csharp
using System.Collections;
using System.Collections.Generic;
using UnityEngine;

public class Lesson4 : MonoBehaviour
{
    // Start is called before the first frame update
    void Start()
    {
        int x = 0;
        while (x < 8)
        {
            x = UnityEngine.Random.Range(0, 10);
            UnityEngine.Debug.Log(x);
        }
        UnityEngine.Debug.Log("終了");
    }
    ……後略……
```

　while文の条件式が「x < 8」なので、変数xが8より小さい間ブロック内を繰り返します。while文のブロック内ではUnityEngine.Random.Rangeというメソッドの結果をxに代入し、それを表示しています。Random.RangeはUnityに用意されているメソッドの1つで、引数で指定した範囲内の数値からどれか1つを選んで返します。今回は (0, 10) と指定しているので、0〜9までの数値を返します。

　これを実行するとどうなるでしょうか？　Unityエディタの［プレイ］ボタンをクリックして何度か実行してみてください 図 3-21 。

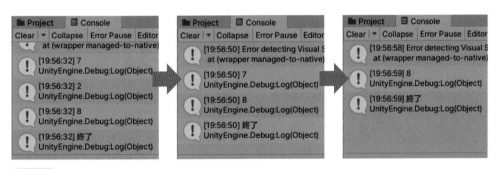

図 3-21 実行するたびに繰り返し回数が変わる

　Random.Rangeメソッドが返す値はデタラメの値——すなわち乱数（らんすう）なので、何が出てくるかわかりません。条件は8より小さいなので、0〜7しか出なければずっと繰り返しは終わりません。いきなり8か9が出てすぐに終わること

もあります。特に目的のないサンプルなのですが、アタリが出るまで福引きの抽選器を回し続ける様子をイメージするとわかりやすいかもしれません 図3-22 。

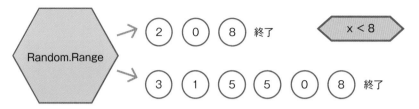

図3-22 8より小さいなら繰り返す＝8以上が出るまで繰り返す

🔵 常に1度は実行するdo-while文

while文によく似たdo-while（ドゥー・ホワイル）文というものがあります。こちらはブロックが先、条件式が後になります。

```
do{
    繰り返す処理
} while (条件式);
```

while文との違いは、条件チェックがあとなので、ブロック内の処理が必ず1回は実行されるという点です。プログラムを書いていれば、自然と必要になるケースに突き当たるはずですから、while文のおまけで覚えておいてください。

回数を決めて繰り返すfor文

冒頭で挙げた1～10を表示するという例は、回数が決まった繰り返しです。こういう回数が決まった繰り返しにはfor（フォー）文が向いています。

```
for (初期化; 条件式; 反復) {
    繰り返す処理
}
```

構文よりも例を見たほうがわかりやすいでしょう。以下は10回繰り返す例です。for文では一般的に回数をカウントするための変数（カウンター変数）を用意し、「初期化」の部分で変数を宣言、「条件式」の部分で回数をチェック、「反復」の部分で変数を増やします。

```
for (int i = 0; i < 10; i++) {
    繰り返す処理
}
```

反復で使っている++演算子は変数に1を加えます。「i＝i+1」と書くのと結果は同じですが、こちらのほうが短く書けます 図3-23 。

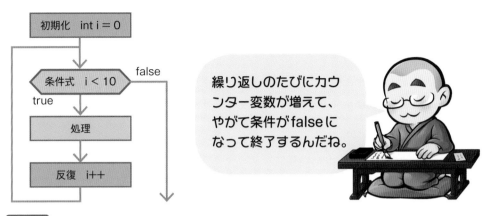

図 3-23 for文の流れ

繰り返しのたびにカウンター変数が増えて、やがて条件がfalseになって終了するんだね。

実際にやってみましょう。5回繰り返しながらカウンター変数のiを表示していきます コード 3-07 。

コード 3-07 Lesson4.cs

```
void Start()
{
    for(int x=0; x<5; x++)
    {
        UnityEngine.Debug.Log(x + "発目発射！");
    }
    UnityEngine.Debug.Log("終了");
}
……後略……
```

0〜4まで表示されましたね 図3-24 。1〜5まで表示させたい場合は、初期化で1を代入し、条件式を「i＜6」か「i＜＝5」とする必要があります。

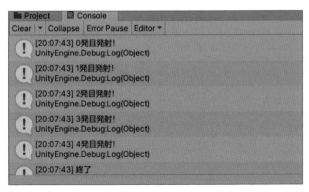

図 3-24
実行結果

break 文と continue 文

　繰り返し処理のブロック内で使う文に、break（ブレーク）文と continue（コンティニュー）文があります。これらは繰り返しの流れを変える働きを持ちます。

　break 文は強制的に繰り返し処理を中止して、ブロックの外へ移動します。例えば繰り返しの途中で処理するべきデータがないことがわかって、それ以上繰り返す意味がない場合などに使います。switch 文でも break 文が出てきましたが、どちらの場合も目的はブロックの外へ移動することです。

```
for (int i = 0; i < 1000; i++){
    if (終了条件のチェック) break;
    ……繰り返したい処理
}
```

　continue 文は繰り返し処理を1回スキップします。例えば何かの複数のデータを順番にチェックしていって、それが正の数のときだけ処理して負の数だったらスキップするといった使い方をします。

```
for (int i = 0; i < 1000; i++){
    if (スキップ条件のチェック) continue;
    ……繰り返したい処理
}
```

　これまで説明してきた構文に比べ、繰り返し処理は理解しにくいという声もよく聞きます。通常の文は単純に上から下へたどっていけば理解できますが、繰り返し処理の場合はブロックの状態や結果が徐々に変化していくからでしょうか。

　基本的には慣れていくしかないのですが、for 文や while 文を見たときに、ブロックの先頭から最後まで進んだあと先頭に戻るという回転の動きをイメージしてみるといいかもしれません 図 3-25 。

```
while (x < 8) {
    x = UnityEngine.Random.Range (0, 10);
    Debug.Log (x);
}
```

```
for (int i = 9; i >= 0; i--) {
    UnityEngine.Debug.Log (i);
}
```

図 3-25 回転の動きをイメージする

スクリプトを見ているだけで目が回りそう……

配列変数で複数のデータを扱おう

配列変数は複数のデータをまとめて扱える変数で、繰り返し処理ともよく組み合わせて使われます。

配列変数とは

　配列（はいれつ）変数は複数のデータを記録できる変数です。Chapter 2ではクラスにメンバー変数を追加して複数のデータを記録するという話をしましたが、それとは意味が違います。同じ型の変数が複数並んだような、例えるなら並んだ棚やロッカーのようなデータ形式です。

　それぞれに番号が付いており、それを目印として繰り返し処理することができます。配列変数の中の1つ1つの変数のことを要素、箱に付けられた番号のことを添字（そえじ）といいます 図3-26 。

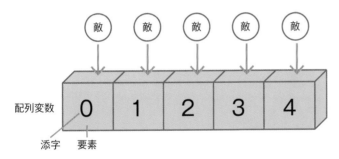

図 3-26 配列変数の構造

　配列変数も、普通の変数と同じく「宣言」「初期化」「代入」を行います。ただし書き方が結構違うので、実際のスクリプトを書く前に説明しましょう。

配列変数の宣言

　配列変数を宣言するには型の後に[]を付けます。ただしそれだけではだめで、new演算子を使って作成したインスタンスを代入する必要があります。その際に要素数（配列変数のサイズ）を指定するので、作成後に変更することはできません。

```
型[] 変数名 = new 型[要素数];
```

例えば5つのint型の数値を記録できる宣言をするには、次のように書きます。

```
int[] arr = new int[5];
```

new演算子（P.45参照）を使うことからわかるように、配列はArray（アレイ）という特殊なクラスのインスタンスです。つまり、配列変数はArray型インスタンスを参照している状態となります 図3-27 。

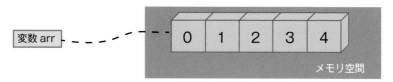

図 3-27 配列変数とインスタンスの関係

○ 配列変数の初期化

配列変数の宣言時に値を記録することを初期化といいます。

普通の変数の初期化と代入は似たようなものでしたが、配列変数の場合はかなり違います。複数の値を{ }で囲んでまとめて記録します。値の数で要素数がわかるので、要素数は省略できます。それどころか「new 型[]」も省略できます。

```
型[] 変数名 = new 型[]{値1, 値2, 値3, 値4};
```

```
型[] 変数名 = {値1, 値2, 値3, 値4};
```

5つの値を記録するには次のように書きます。

```
int[] arr = {-1, 53, 21, 16, 4};
```

ただし複数の値を記録できるのは初期化のときだけで、いったん宣言が済んだ配列変数にあとから複数の値を記録することはできません。1つの要素ずつ代入していく必要があります。

○ 配列変数の代入と利用

配列変数の中の個々の要素は［添字］を書くことで、普通の変数と同じように使うことができます。例えば3番目の要素は次のように利用します。

```
arr[2] = 42;
Debug.Log (arr[2]);
```

添字は0から始まることに注意してください。最初の要素の添字が0なので、3番目の要素の添字は2になります。

● 配列変数を使ってみよう

switch文の説明に使用したLesson3.csを、配列変数を使う形に改造してみましょう。Lesson3.csを開いて、次のように変更してください コード3-08 。メンバー変数の定義とswitch文の先頭が変わり、ほかはそのままです。

コード3-08 Lesson3.cs

```
public class Lesson3 : MonoBehaviour
{
    public string[] Menu = { "save", "print", "destroy" };
    public int Command = 0;

    // Start is called before the first frame update
    void Start()
    {
        switch (Menu[Command])
        {
        case "save":
            UnityEngine.Debug.Log("保存します");
            break;
        case "print":
            UnityEngine.Debug.Log("印刷します");
            break;
        case "destroy":
            UnityEngine.Debug.Log("破壊します");
            break;
        default:
            UnityEngine.Debug.Log("命令が理解できません");
            break;
        }

    }
……後略……
```

string型でパブリックな配列変数Menuを定義し、3つの文字列で初期化しています。その文字列とは「save」「print」「destroy」の3つです。つまり、swtich文で分岐するコマンドですね。

また、int型のパブリック変数Commandを用意します。そして、swtich文のカッコ内には「Menu[Command]」と書きます。つまりこれは、パブリック変数Commandを添え字に使って、配列変数Menuの要素を1つ取り出し、それをswitch文に渡しているのです 図3-28 。

Chapter **3** 条件分岐と繰り返しをマスターしよう

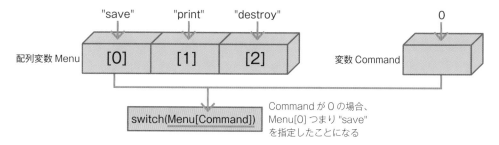

図 3-28 配列変数 Menu と変数 Command

　どうなるのか試してみましょう 図3-29。配列変数 Menu は public を指定したの
で、インスペクターに表示されます。[Size] は配列変数の要素数、[Element0] ～
[Element2] が要素に指定した値です。

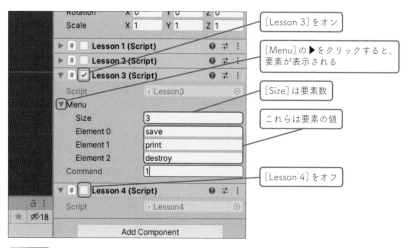

図 3-29 パブリックな配列変数

　[Command] の値を変更してゲームを実行します 図3-30。結果は前の Lesson3 と
あまり変わりませんが、英語のコマンドを入力せずに済むようになっています。

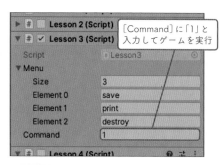
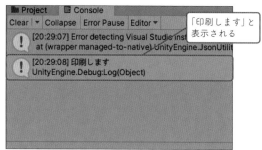

図 3-30 [Command] で実行結果を変える

● パブリックな配列変数は要素を増やせる

配列変数はあとから要素の数を増やすことはできません。しかし、パブリック変数にすると［Size］の値を変えて要素を増やすことができます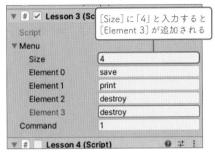。C#のルール上はできないことなのですが、Unityの独自機能で可能にしているのです。

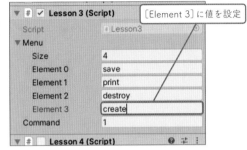

図 3-31 パブリックな配列変数の要素を増やす

ただし、インスペクター上で要素数を変えたかどうかにかかわらず、要素数を超える添え字を指定すると、IndexOutOfRangeExceptionという実行時エラーが発生します。Indexとは添え字のことなので、「範囲外の添え字」という意味です。添え字は0からスタートするので、［Size］に4と表示されている場合、最大の添え字は1を引いた3になります 図 3-32 。

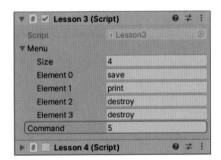

図 3-32 要素数を超えたときに表示されるエラー

C#のルールは他にもいろいろあるのですが、Unityでゲームを使うにあたって全部を覚える必要はありません。そろそろ皆さんもUnityらしいことをしたくなった頃合いでしょうから、次の章からはキャラクターを配置したり、動かしたりといったゲームプログラミングの初歩的なところから説明していきましょう。

ここまでの内容があまり理解し切れてないな……という人も、それほど心配しなくても大丈夫です。この後のChapterで実践的に復習していくので、そのうち自然と身につくはずです。

やっと文字と数字ばっかりのコンソールから解放されるね！　やった！

✲ 名前空間

スクリプトの先頭には、「using UnityEngine;」のような記述があります。これはusingディレクティブといい、名前空間（ネームスペース）を取り込む指定です。名前空間というのは、ざっくりいうとクラス名の前に付ける苗字のようなものです。

```
using UnityEngine;
```

実はこれまで使ってきたMonoBehaviourクラスも、名前空間を含めた正式名称は「UnityEngine.MonoBehaviour」なので、最初に「using UnityEngine;」と書いてあったわけですね。

Visual Studioは、usingディレクティブを省略したクラスを記述した場合、自動的にusingディレクティブを追加してくれる機能を持っています。ただし、「Debug」や「Random」のように、C#標準にもUnityにも同名のクラスがある場合、C#標準のクラスを読み込むためにusingディレクティブを取り込み、エラーが発生することがあります。この機能が原因のトラブルがよく起きる場合は、機能を無効にしてください 図3-33 。

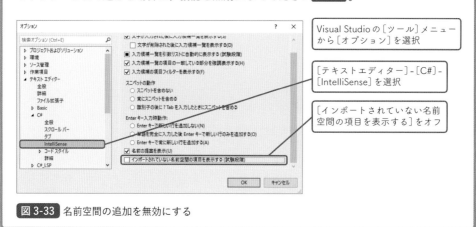

図 3-33 名前空間の追加を無効にする

Chapter 4

Unityを使った
プログラミング

❀ 4-1　Unity の仕組みをちゃんと理解しよう ・・・・・・・・・・・・・・・・・・・・・・・・・・・・ 078

❀ 4-2　画像を表示してみよう ・・ 081

❀ 4-3　スクリプトでゲームオブジェクトを制御する ・・・・・・・・・・・・・・・・・・ 088

1

Unityの仕組みを
ちゃんと理解しよう

ゲームらしい部分を説明する前に、これまで簡単な説明で使ってきたシーン、
ゲームオブジェクト、コンポーネント、スクリプトなどの関係を整理して、
頭をスッキリさせましょう。

● ゲームオブジェクトとコンポーネントの関係

これまではUnityでプログラムを動かすといっても、ほとんど［Console］ウィンドウに文字を表示するだけでした。ここからは画像を表示したり、動かしたり、ユーザーの操作を検出したりといった、よりゲームらしい部分に触れていきます。その前にここまで何となく使ってきたシーンやゲームオブジェクト、スクリプト、StartメソッドやUpdateメソッドなどの関係を整理しておきましょう。

シーンは、タイトル画面やメニュー画面、ゲーム画面などのゲームの1つ1つの画面を表すもので、そこにキャラクターやボタンなどのインターフェース部品といったゲームオブジェクトを配置していきます。そしてそれぞれのゲームオブジェクトには、コンポーネントが関連付けられています。

コンポーネントというのはゲームオブジェクトに機能を追加するものです。

コンポーネントには「ボタン機能」「物理演算機能」「衝突判定機能」「エフェクト機能」「オーディオ機能」などいろいろなものがあり、スクリプトもまたコンポーネントの一種です 図4-01 。

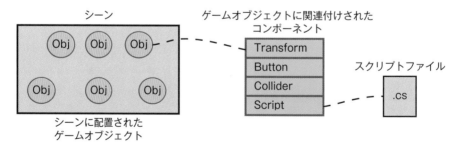

図 4-01 ゲームオブジェクト - コンポーネント - スクリプト

つまりUnityでゲームをつくるというのは、シーンにゲームオブジェクトを配置し、コンポーネントを追加していろいろな機能を足していき、足りない部分はスクリプトを書いて対応するということなのです。

メソッドとイベント関数

　これまでのプログラムは、スクリプトファイル内に最初からあったStartメソッドの中に書いてきました。StartメソッドのほかにもUpdateメソッドというものもありましたね。これらのメソッドはUnityのシステムから自動的に呼び出されるものでイベント関数と呼ばれます。関数はメソッドとほぼ同じ意味の用語です。

　StartとUpdateの他にも、衝突したときに呼び出されるOnCollisionEnterやOnCollisionExit、マウス操作で呼び出されるOnMouseClickやOnMouseDragなどがあります。

　Unityのシステム内部では1秒間に何度も繰り返されるループが動いていて、その中ですべてのゲームオブジェクトをチェックして必要に応じてイベント関数を呼び出します。つまりイベント関数は、大きなループの一部となるのです 図 4-02 。

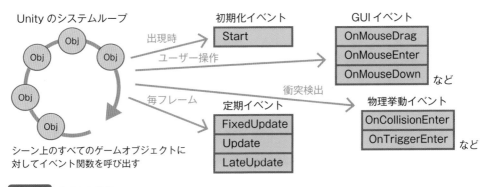

図 4-02 イベント関数

　イベント関数には他にもいろいろな種類があります。すべての種類や呼び出し順を知りたい場合は、Unityマニュアルの記事を参照してください 図 4-03 。

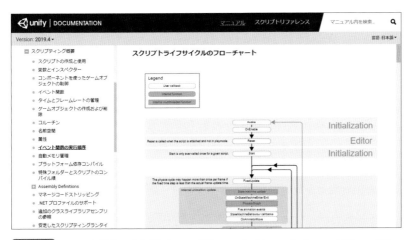

図 4-03 イベント関数の実行順 （https://docs.unity3d.com/jp/current/Manual/ExecutionOrder.html）

● フレーム

　Updateメソッドなどの定期イベントは、フレームごとに呼び出されます。

　3Dシューティングゲームが好きな人は聞いたことがあるかもしれませんが、フレームというのはゲームが画面を描き替える1コマのことです。映画のフィルムを想像するとわかりやすいかもしれません。フレームを1秒間に書き換える回数をfps（frame per second）といい、パソコンのUnityエディタ上では50〜60fps程度です。つまりUpdateメソッドもそれぐらいの頻度で呼び出されるということです 図4-04 。

フレーム

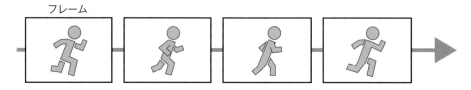

図4-04 フレーム

フレーム数が多いほうが滑らかに動いて見えるんだね

　定期イベント内では、各ゲームオブジェクトの移動といった、ゲーム進行中の処理をひととおり行います。

　定期イベントにはFixedUpdate、Update、LateUpdateの3種類があります。通常はフレームごとに呼び出されるUpdateメソッドを利用すれば大丈夫なので、他は簡単に紹介しておきましょう。

　LateUpdateメソッドは、すべてのゲームオブジェクトの更新が完了したあとでやりたいことがある場合に使います。一般的な用途に、全キャラクターの移動が完了したあとで、それにあわせてカメラを移動する処理などがあります。

　1フレームの処理がパソコンで処理しきれないほど重い場合、描画しきれないフレームが間引かれるため、fpsが減ってしまうことがあります。そうなるとUpdateメソッドの呼び出し回数も減ってしまいます。それで不都合が起きる場合は、常に固定間隔で呼び出されるFixedUpdateメソッドを使用します。主に描画処理がかなり重い3Dゲームなどで使われます。

2 画像を表示してみよう

たいていのゲームでは画像は欠かせません。画像の読み込み方法から
シーンへの配置方法までひととおり説明しましょう。

● 新しいシーンを作成する

Chapter4のサンプルプログラムでもこれまでと同じFirstLessonプロジェクト
を使用しますが、前のChapterのファイルと混乱しないようフォルダやシーンを
分割しましょう。まずは[Assets]フォルダの中にサブフォルダを作成し、この
Chapterでつくるものはその中に入れるようにします。

[Project]ウィンドウ内で何かを作成するには、[+]ボタンのメニューを利用し
ます 図4-05 。

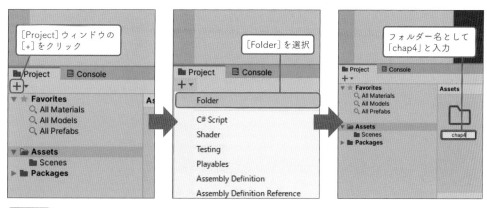

図 4-05 フォルダの作成

次に新しいシーンを作成し、[chap4]フォルダ内に保存します 図4-06 。

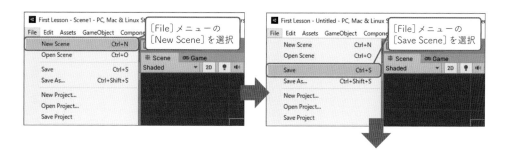

Chapter 4 Unityを使ったプログラミング

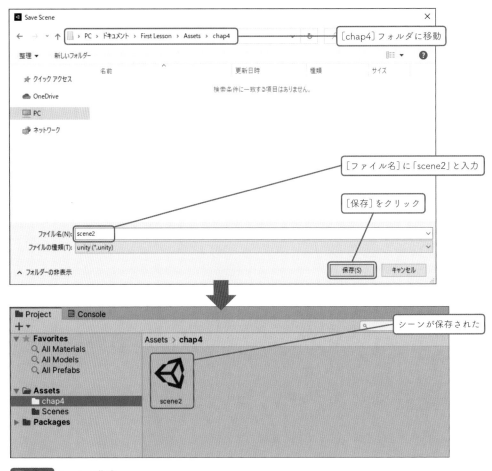

図4-06 シーンの作成

画像をシーン上に配置する

画像ファイルをインポートする

　Unityで画像を利用するには、まず[Assets]フォルダ内にインポートする必要があります。手順は非常に簡単で[Project]ウィンドウにドラッグ＆ドロップするだけです。また、エクスプローラーやFinderで実際のフォルダにコピーしても、Unityエディタに切り替えたときに自動的にインポートされます。

　今回はダウンロードサンプルファイルの[chapter5]フォルダ内の[Images]フォルダからブタの貯金箱のイラストを使いましょう **図4-07** 。

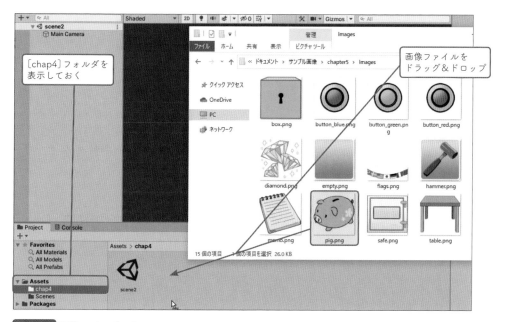

図 4-07 画像のインポート

　[Project]ウィンドウにインポートされた画像を選択すると、インスペクターに
その情報が表示されます。ゲームのキャラクターなどに使う画像の場合、[Texture
Type]が[Sprite (2D and UI)]になっている必要があります。他にもいくつかタイ
プがありますが、2Dゲームの場合、たいていはこの設定でOKです。また[Advanced]
の中にある、[Generate Mip Maps]は3Dゲームのテクスチャ向けの設定で、有効
だとスマートフォン上で画像がぼやけることがあるため、オフにします（初期設定
はオフです）。変更後に「Unapplied import settings」という確認メッセージが表示
された場合は[Apply]をクリックしてください **図 4-08** 。

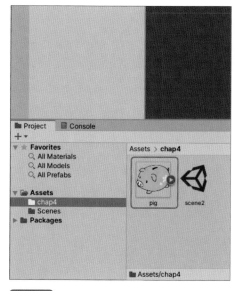

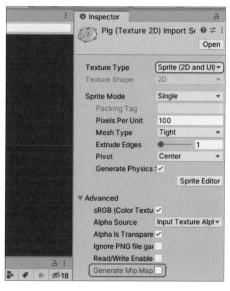

図 4-08 インスペクターで[Texture Type]と[Generate Mip Map]の設定を確認

🖳 ゲームオブジェクトとして配置

インポートした画像を［Scene］ビューかヒエラルキーにドラッグすると、ゲームオブジェクトとしてシーンに配置されます 図4-09 。

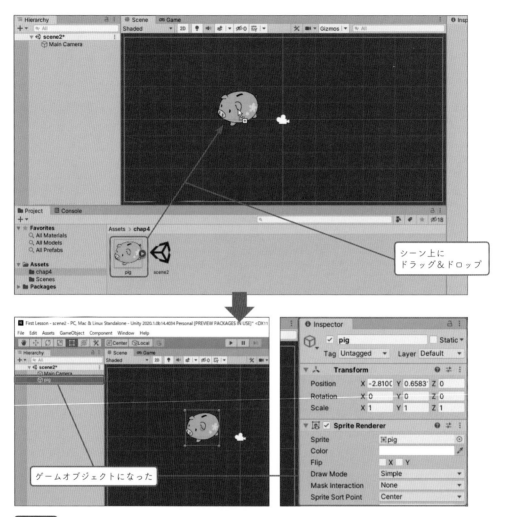

図4-09 ゲームオブジェクトの配置

インスペクターを見るとわかるように、自動的にゲームオブジェクトが作られていることが確認できます。また、2つのコンポーネントが追加済みです。

①Transform（トランスフォーム）コンポーネント

ゲームオブジェクトの位置、角度、サイズ（拡大／縮小率）を決めるコンポーネントです。すべてのゲームオブジェクトに必ず追加されています。

②SpriteRenderer（スプライトレンダラー）コンポーネント

Sprite（2D and UI）タイプの画像を表示するコンポーネントです。［Sprite］に指定された画像がゲームオブジェクトの外観として表示されます。

● [Scene]ビューの基本操作

　ゲーム画面のレイアウトは[Scene]ビュー上で調整していきます。長く付き合うものなので、ここで基本的な操作方法を身に付けておきましょう。

◌ 表示の拡大縮小

　マウスのホイールを回すとシーンの表示倍率を変えることができます。また、ヒエラルキーでゲームオブジェクト名をダブルクリックすると、その全体が見えるよう表示倍率と位置が調整されます 図4-10 。

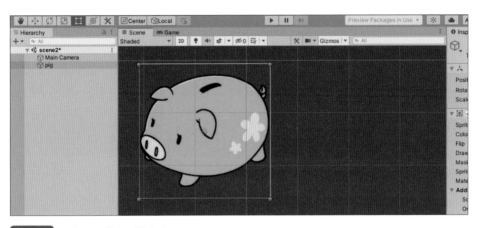

図4-10 ホイールで拡大／縮小する

◌ 表示範囲を動かす

　Transformツールバーのハンドツールを選択すると表示範囲を動かすことができます。他のツールの使用中でも右ボタンでのドラッグで移動できます 図4-11 。

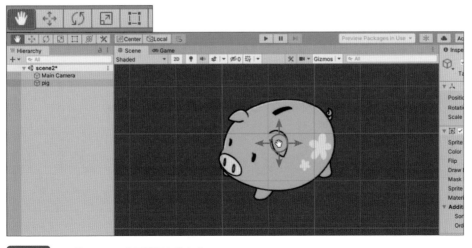

図4-11 ハンドツールで表示範囲を動かす

ゲームオブジェクトの配置調整

Rectツールは2Dゲームの開発で一番よく使うツールです。ゲームオブジェクトを選択すると周囲に枠（バウンディングボックス）が表示され、枠内をドラッグして移動、枠の四隅のハンドルをドラッグして拡大／縮小、ハンドルの外側をドラッグして回転することができます 図4-12 。

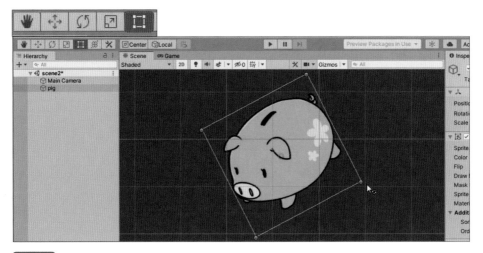

図4-12 Rectツールで移動・拡大／縮小・回転する

Transformツールバーには他に、移動ツール、回転ツール、拡大／縮小ツール、トランスフォームツールがあります。これらを使えばゲームオブジェクトの配置をより細かく調整することができますが、2Dゲームよりも3Dゲームで役立つツールです。

インスペクターで配置を調整する

マウス操作での配置は直感的ですが、正確に位置をあわせるには数値入力が便利です。インスペクターのTransformコンポーネントで[Position][Rotation][Scale]の3つのプロパティを変更すれば、正確な数値で位置、角度、拡大／縮小率を設定できます 図4-13 。

なお、ここでいう「プロパティ」はインスペクターの設定項目のことで、C#のプロパティとは厳密には違います。ただし、Unityのクラスが持つプロパティやメンバー変数はたいていインスペクター上に表示されるので、同じものと考えてもあながち間違いではありません。ちなみにインスペクター上ではコンポーネントやプロパティ名の途中に自動的にスペースが挿入されますが、実際の名前にはスペースは入りません。

例えばSpriteRendererコンポーネントは、インスペクター上では[Sprite Renderer]と表示されます。

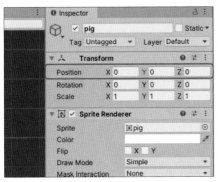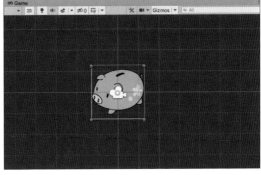

図 4-13 Transform コンポーネントで［Position］を「0, 0, 0」に配置

❋ Unity エディタのレイアウト

Unity エディタの画面は複数のウィンドウとビューで構成されており、タブ部分をドラッグして自由に配置を変えることができます。本書ではデフォルトのレイアウトを使用していますが、各ツールの機能を理解して使いやすいレイアウトを探してください 図 4-14 図 4-15 。

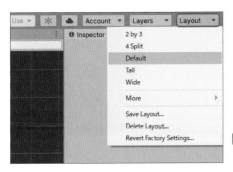

図 4-14 レイアウトを切り替える
［Layout］メニュー

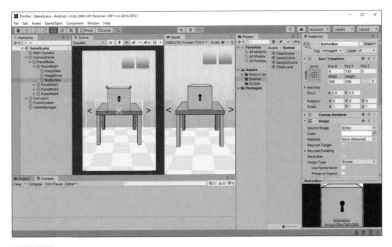

図 4-15 いたのくまんぼうさんのおすすめレイアウト
縦置きのスマートフォン画面を想定したレイアウトで、［Scene］ビューと［Game］ビューを同時に見ながら作業できる

3 スクリプトでゲームオブジェクトを制御する

配置した画像をスクリプトで制御しながら、
コンポーネントやゲームオブジェクトの取得、メソッドの呼び出しといった、
Unityのゲームプログラミングの基本を学びましょう。

● 画像を動かしてみよう

○ スクリプトをつくってゲームオブジェクトに関連付ける

先ほど追加した画像を、スクリプトを使って動かしてみましょう。その中で、目的のゲームオブジェクトやコンポーネントを取得してスクリプトで制御する方法を解説していきます。

スクリプトをつくる前に、ゲームオブジェクトの名前を変更しておきます。ドラッグ＆ドロップで画像をゲームオブジェクトにした場合は画像の名前が流用されるので、ヒエラルキー上で「PigBank」という名前に変更します 図4-16 。

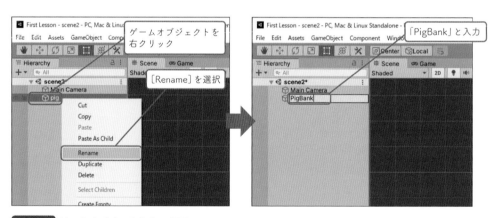

図 4-16 ゲームオブジェクト名の変更

続いてスクリプトを作成しますが、それも「chap4」フォルダの中に保存したいので、今回は [Project] ウィンドウ側で保存場所を指定して作成し、後からゲームオブジェクトに関連付けるようにします 図4-17 。

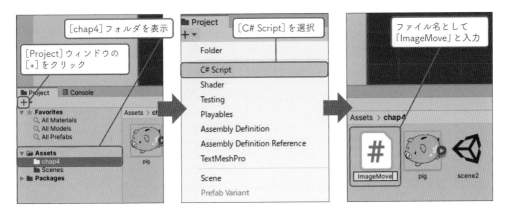

図 4-17 スクリプトの作成

　ヒエラルキーでPigBankを選択し、インスペクターでスクリプトを関連付けます。 [Add Component]ボタンをクリックするところまでは同じですが、作成済みのスクリプトを関連付けるときは、[New Script]ではなく[Scripts]を選択します。そうすると、[Assets]フォルダ内にあるスクリプトが一覧表示されます **図 4-18**。

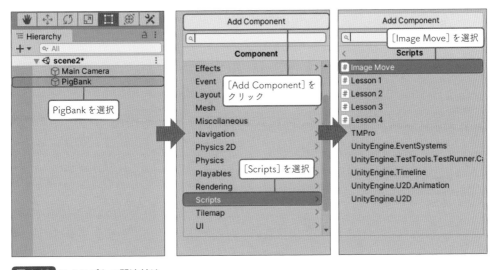

図 4-18 スクリプトの関連付け

ゲームオブジェクトにコンポーネントを関連付けることを、「アタッチ」ともいうよ。

❀ コンポーネントを削除する

コンポーネントやスクリプトを追加した後で、不要となった場合は、[⋮]アイコンのメニューから削除することができます 図 4-19 。

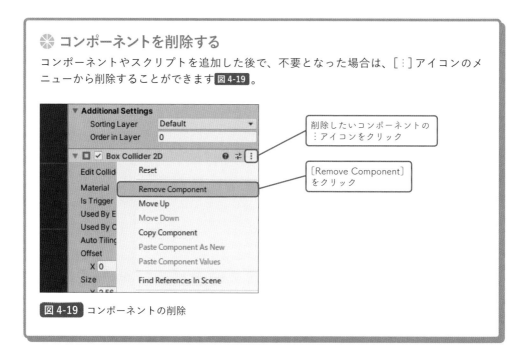

図 4-19 コンポーネントの削除

🖵 スクリプトを入力する

[Project]ウィンドウからImageMove.csを開き、次のように入力してみましょう。
今回はStartメソッドではなく、Updateメソッド内に書いてください コード 4-01 。

コード 4-01 ImageMove.cs

```
using UnityEngine;
using System.Collections;


public class ImageMove : MonoBehaviour {

    // Use this for initialization
    void Start () {

    }

    // Update is called once per frame
    void Update () {
        Transform tr = this.GetComponent<Transform> ();
        Vector3 pos = tr.position;
        pos.x = Random.Range (-2.0f, 2.0f);
        pos.y = Random.Range (-2.0f, 2.0f);
        tr.position = pos;

    }
}
```

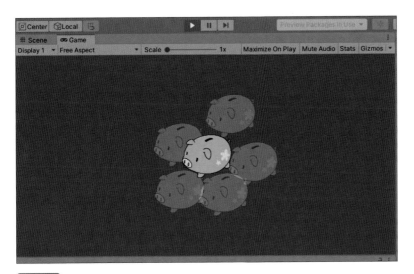

図 4-20 実行結果

　実行すると、画像がすごい速さで上下左右に移動します 図 4-20 。「すごい速さ」
になってしまうのは、Updateメソッドは1フレームごと、つまり1秒間に50〜60
回程度のペースで呼び出されるからです。

コンポーネントの取得

　このプログラムではPigBankゲームオブジェクトの位置をフレームごとに変更
しています。

　前のセクションでもインスペクターのTransformコンポーネントを操作して移動
しましたが、スクリプトで位置を変更する場合もやはりTransformコンポーネント
を利用します。

　ゲームオブジェクトが持っているコンポーネントを取得するときに使うのが、
GetComponentメソッドです。メソッド名の後の<>は「型パラメータ」といい、そ
こに取得したいコンポーネントの型を指定します。指定した型のコンポーネントを
ゲームオブジェクトが持っていない場合は、nullという何もないことを表す値が返
されます。

```
Component の派生クラス .GetComponent<コンポーネントの型>()
```

　このプログラム中では、this.GetComponentと書きました。thisは「このクラスのイ
ンスタンス」を表すキーワードなので、GetComponentメソッドはImageMoveクラ
スのメンバーだということです。

　正確にはImageMoveクラスの親クラスであるMonoBehaviourクラスから継承
したものです。さらに正確にいえば、MonoBehaviourクラスもその親から引き継
いでおり、大元をたどるとすべてのコンポーネントのベースとなるComponentク
ラスで定義されています 図 4-21 表 4-01 。

図 4-21 コンポーネントの継承関係

みんなComponentクラスの子だから、どれか1つのコンポーネントがあれば、他も見つけられるってことだね。

メンバー	働き
gameObject 変数	このコンポーネントがアタッチされているゲームオブジェクト
transform 変数	ゲームオブジェクトにアタッチされた Transform
GetComponent メソッド	ゲームオブジェクトから指定した型のコンポーネントを取得
GetComponentInChildren メソッド	子オブジェクトのコンポーネントを取得
GetComponentInParent メソッド	親オブジェクトのコンポーネントを取得
GetComponents メソッド	ゲームオブジェクトから指定した型のコンポーネントをすべて取得する（同じコンポーネントが複数アタッチされている場合に使用する）

表 4-01 Component クラスの主なメンバー変数・メソッド

◘ Transform クラスの利用

　こうして GetComponent メソッドによって Transform コンポーネント——C#側から見ると Transform クラスのインスタンス——が取得できました。Transform クラスは次のようなメンバーを持っています 表 4-02 。

メンバー	働き
localPositon 変数	ローカル空間（親のオブジェクト基準）の位置
localRotation 変数	ローカル空間（親のオブジェクト基準）の回転
position 変数	ワールド空間の位置
rotation 変数	ワールド空間の回転
localScale 変数	親のオブジェクトを基準にした相対的な拡大縮小率
LookAt メソッド	対象の Transform の方向を向かせる
TransformPoint メソッド	ローカル空間からワールド空間へ position を変換

表 4-02 Transform クラスの主なメンバー変数・メソッド

この表には時々ワールド空間とローカル空間という用語が出てきます。ここでは
ワールド空間の変数・メソッドを使えばいいと覚えておいてください。

　ワールド空間の位置はposition（ポジション）というメンバー変数に記録されてい
るので、それを取り出します。そして、Random.Rangeメソッド（P.67参照）を使っ
て-2〜2の間の乱数を取得し、新しい位置として設定します。

```
Vector3 pos = tr.position;
pos.x = Random.Range (-2.0f, 2.0f);
pos.y = Random.Range (-2.0f, 2.0f);
tr.position = pos;
```

◉ Vector3型と座標系

　positionはVector3型です。Vector3は物体の位置や向きを記録するための構造
体（次ページで説明します）です。x、y、zの3つのメンバー変数を持っていて、そ
れがワールド空間の原点（0, 0, 0の地点）からの距離を表します。

　2Dゲームの場合、xは横方向の位置、yは縦方向の位置を表し、zは意味を持ち
ません。このように位置を表す値のことを座標といいます。Unityの場合、初期状
態の原点は画面中央（カメラの位置などで変化します）で、x軸は右、y軸は上に伸
びることに注意してください 図4-22 。

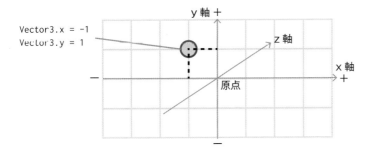

図 4-22　座標系

Webプログラミングと
かはy軸が下向きなの
で、ごっちゃにしない
よう注意しなきゃ！

Vector3は構造体

実はVector3はクラスではなく、構造体（こうぞうたい）というもので、classキーワードではなくstruct（ストラクト）キーワードで定義します。

```
public struct Vector3 {
    public float x, y, z;
}
```

構造体は定義の仕方も使い方もクラスによく似ているのですが、大きな違いがあります。それは代入時に値がコピーされるという点です 図 4-23 。

```
Vector3 pos1 = new Vector3 (1, 1, 0);
Vector3 pos2 = new Vector3 (3, 2, 0);
pos1 = pos2;
```

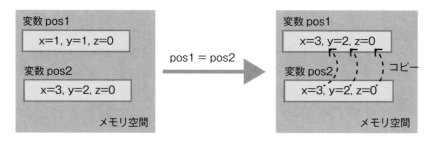

図 4-23 構造体の変数

だから、先ほどの例（ コード 4-01 ）でも最後に「tr.position = pos;」と代入して座標値をコピーしているのですね。もしVector3が参照型（クラス）だったら、「pos」と「tr.position」は同じものを参照していることになるので、最後の1行はいらないはずです。

✿ クラスと構造体の違い

クラスと構造体の違いは少しややこしいのですが、代入時の結果が異なります。クラス型の場合、変数から変数に代入したときは、インスタンスが増えるのではなく2つの変数が同じインスタンスを参照する状態になります。構造体型の場合、変数から変数に代入したときにコピーが発生し、同じ値を持つ構造体がもう1つできあがります。本書で出てくる型はほとんどがクラスなので、Vector3型のときだけコピーになると覚えてもいいでしょう。

● ゲームオブジェクトを増やしてみよう

🗨 ゲームオブジェクトからプレハブを作成する

　最後にプレハブ（Prefab）という仕組みを利用して、ブタのゲームオブジェクト
を増やしてみましょう。

　プレハブは作成したゲームオブジェクトをアセットとして登録し、複製を簡単
につくれるようにする仕組みで、主にゲームキャラクターを複数出現させるために
使います。もとのプレハブアセットを変更すればすべての複製に反映されるので、
C#でいえばクラスとインスタンスのような関係といえますね。

　プレハブを作成するには、ゲームオブジェクトを[Project]ウィンドウにドラッ
グ＆ドロップします 図4-24 。

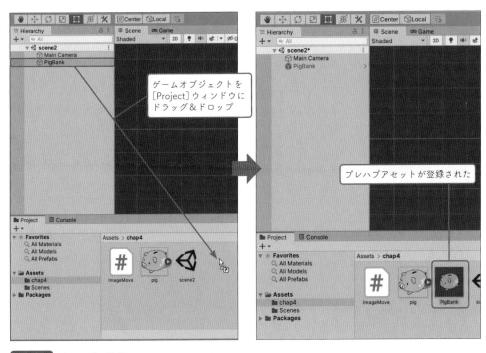

ゲームオブジェクトを
[Project]ウィンドウに
ドラッグ＆ドロップ

プレハブアセットが登録された

図4-24　プレハブの登録

　もとにしたオブジェクトはこの時点で複製になっています。[Project]ウィンド
ウからドラッグ＆ドロップして数を増やしましょう。ゲームオブジェクト名には
「PigBank(1)」「PigBank(2)」といった適当な名前が付きますが、必要に応じて追加
したり削除したりするものなので気にしなくてかまいません 図4-25 。

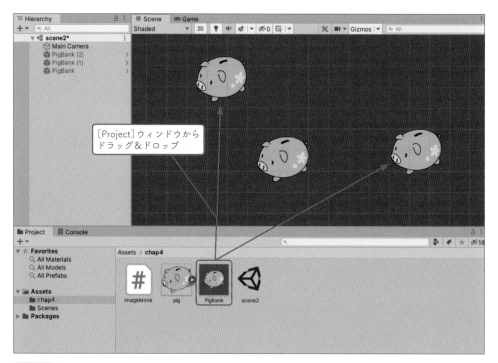

[Project]ウィンドウから
ドラッグ＆ドロップ

図 4-25 プレハブからゲームオブジェクトを作成する

　　[Project]ウィンドウでプレハブアセットを選択した状態で、インスペクターで
操作すると、すべての複製に反映されます。複製を選択した状態で変更すると、そ
の複製だけしか変更されないので注意しましょう**図 4-26**。

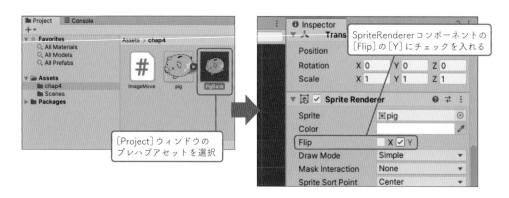

SpriteRenderer コンポーネントの
[Flip]の[Y]にチェックを入れる

[Project]ウィンドウの
プレハブアセットを選択

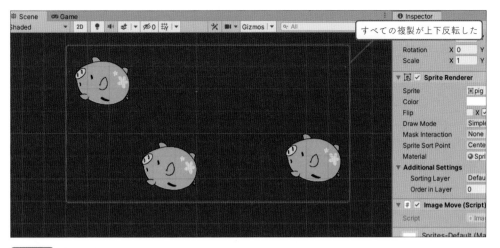

図 4-26 プレハブからゲームオブジェクトを作成する

✳ プレハブの複製を見分ける方法

通常のゲームオブジェクトとプレハブの複製はひと目では見分けにくいのですが、ヒエラルキーをよく見ると複製の名前が青くなっています 図4-25 。また、複製を選択した状態でインスペクターを見ると、[Prefab]という設定項目が追加されています 図4-27 。

なお、もとのプレハブアセットに変更を加えたいときは、[Project]ウィンドウでプレハブアセットを選択しましょう。ここのボタンを使うより、目的のプレハブアセットを簡単に選択できます。

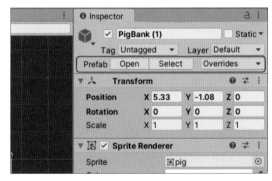

図 4-27 [Prefab]のボタンが
追加されている

🖥 複製をまとめて動かす

プレハブの複製には、スクリプトやコンポーネントも同じように関連付けられており、まったく同じように動きます。

実行テストをしたいところですが、現状のプログラムだと常にワールド空間の原点 (0, 0, 0) を基準とした -2〜2の範囲に配置されるため、3つの複製も同じような位置に表示されてわかりにくくなってしまいます。

シーン上で配置した位置を中心に移動するようにしてみましょう。ImageMove

スクリプトを次のように変更してください コード 4-02 。

コード 4-02 ImageMove.cs

```
using UnityEngine;
using System.Collections;

public class ImageMove : MonoBehaviour {
    Vector3 StartPos;

    // Use this for initialization
    void Start () {
        Transform tr = this.GetComponent<Transform> ();
        this.StartPos = tr.position;
    }

    // Update is called once per frame
    void Update () {
        Transform tr = this.GetComponent<Transform> ();
        Vector3 pos = tr.position;
        pos.x = this.StartPos.x + Random.Range (-2.0f, 2.0f);
        pos.y = this.StartPos.y + Random.Range (-2.0f, 2.0f);
        tr.position = pos;
    }
}
```

これまで使ってきた構文やメソッドばかりですが、何をしているかわかりますか？　Vector3型のメンバー変数StartPosを宣言しておき、ゲームオブジェクトの出現時に呼び出されるStartメソッドの中で現在の位置を記録します。そして、Updateメソッドで位置を変更するときは、Random.Rangeメソッドで得た乱数をStartPosに足すようにします 図 4-28 。

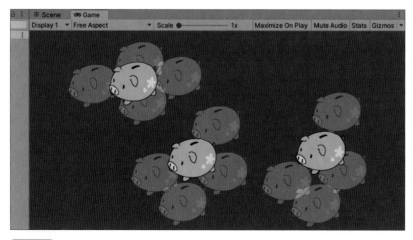

図 4-28 実行結果

複製のブタの貯金箱たちがそれぞれの配置場所を中心に、ランダムに動きまわるようになりました。

Unityが強制終了しても
シーン上の編集結果が消え
ないよう、[Ctrl] + [S]
キーを押して小まめにシー
ンを上書き保存しよう！

　これでゲームオブジェクトやコンポーネントの基本的な使い方を、ひととおり説明しました。どれも結構大事なので、よく理解しておいてください。次ページで紹介するUnityスクリプトリファレンスを見ながらスクリプトを書き換えて、いろいろなメソッドを試してみるのもいいと思います。ブタの貯金箱を移動するのではなく回転させてみても面白いですね。

　次のChapterからは実際にゲームをつくりながら、さらに便利なクラスやメソッドの使い方を覚えていきましょう。

✹ Unity スクリプトリファレンス

Unityには大量のクラスや構造体が用意されているので、一冊の入門書では語りきれません。基礎がある程度つかめてきたら、インターネット上のUnityスクリプトリファレンスで調べることをおすすめします 図4-29 。

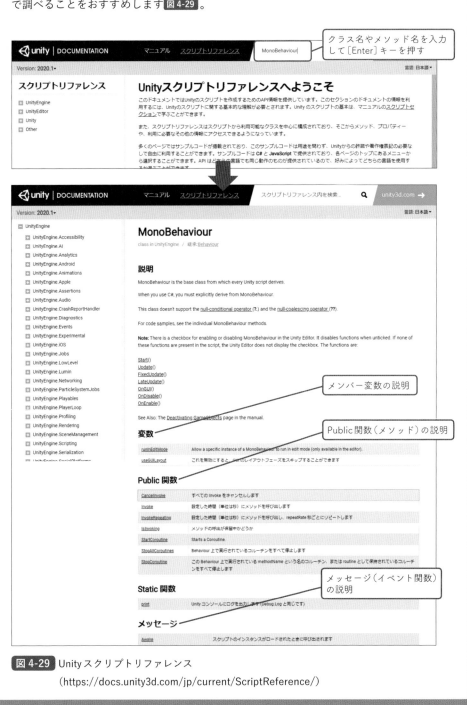

クラス名やメソッド名を入力して［Enter］キーを押す

メンバー変数の説明

Public関数（メソッド）の説明

メッセージ（イベント関数）の説明

図4-29 Unityスクリプトリファレンス

(https://docs.unity3d.com/jp/current/ScriptReference/)

Chapter 5

脱出ゲームを
つくろう

✼ 5-1 ゲームのタイトル画面をつくろう ・・・・・・・・・・・・・・・・・・・・・・・・・・・・・・・・・ 102

✼ 5-2 部屋の壁をつくろう ・・・ 123

✼ 5-3 仕掛けを配置しよう ・・ 141

✼ 5-4 ゲームクリア画面をつくろう ・・・・・・・・・・・・・・・・・・・・・・・・・・・・・・・・・・・・・ 168

1 ゲームのタイトル画面を つくろう

いよいよゲームの作成です。最初に「タイトル画面」をつくりながら、
ボタンやテキストなどのUI（ユーザーインターフェース）パーツの使い方を
理解していきましょう。

● これからつくるゲームの仕様を理解しよう

ゲームをつくる前段階の話が続いてちょっとくたびれてきたという皆さん、お待たせしました。ここからはいよいよゲームをつくっていきましょう。

このChapterでつくるのは脱出ゲームです。

ご存じの人も多いかもしれませんが一応説明しておくと、密室に閉じ込められた状態からスタートして、部屋に隠された謎を解き、脱出するというゲームです。スマートフォンアプリで人気の高いジャンルの1つで、最近はリアル脱出ゲームなんてものもありますね。

謎さえ思いつけばプログラム自体はシンプルなので、ビジュアルで組み立てられるUnityに向いた題材といえます 図5-01 。

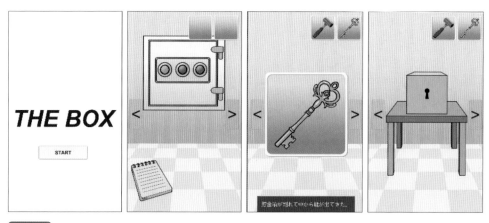

図5-01 脱出ゲーム「THE BOX」

ゲームでネタバレは禁物ですが、皆さんはゲームを遊ぶ側ではなく開発する側ですから、先に何をつくるのか理解していないといけません。最初に謎解きしてしまいましょう。

このゲームでは小さな部屋の中に4つの壁があり、左右のボタンで切り替えるこ

とができます。それぞれの壁の前には金庫などのアイテムが置かれています。

- 壁1：「鍵付きの箱」
- 壁2：「3つのボタンがついた金庫」「メモ帳」
- 壁3：「貯金箱」
- 壁4：「万国旗」

　壁2の「金庫」は、フランスの国旗の「青白赤」になるようボタンの色を変えると開きます。そのヒントが壁2の「メモ帳」と壁4の「万国旗」です。金庫から取り出した「トンカチ」を使って壁3の「貯金箱」を割ると「鍵」が出てくるので、それを使って壁1の「箱」を開くとゲームクリアとなります 図 5-02 。

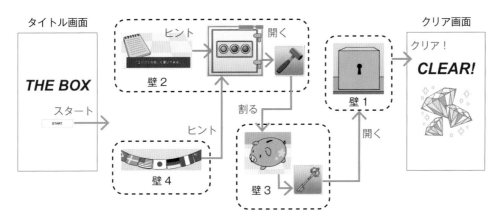

図 5-02 「THE BOX」の謎解きフロー

● プロジェクトを作成する

新規プロジェクトの作成

　それではプロジェクトを作成していきましょう。Unity Hubのプロジェクト画面で「The Box」という名前の2D用プロジェクトを作成します 図 5-03 。

Unity Hubの［新規作成］を
クリック

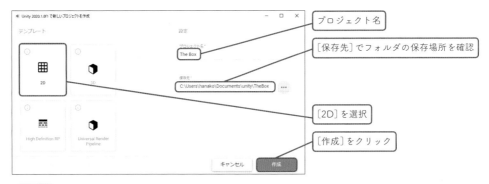

図 5-03 プロジェクトの作成

🖳 プロジェクトをスマートフォンに合わせる

The Box はスマートフォンの縦画面を想定したゲームなので、開発環境もそれに
あわせておいたほうが開発しやすくなります。

Build Settings（ビルド設定）を開いて、スマートフォン向けの設定を行いましょう。

［Build Settings］ダイアログボックスの［Platform］で、ビルド対象となるプラッ
トフォームを選択します。

ちなみに、ビルドとはソースコードをもとにしてプログラムの実行ファイルをつ
くることで、プラットフォームはOSなどの実行環境を指します。

Android、iOS両対応のアプリを開発する場合は、AndroidとiOSという2つのプラッ
トフォーム向けにビルドする必要があります（Chapter7 参照）。

ここではとりあえずビルド対象を Android に切り替えてみます **図 5-04**。

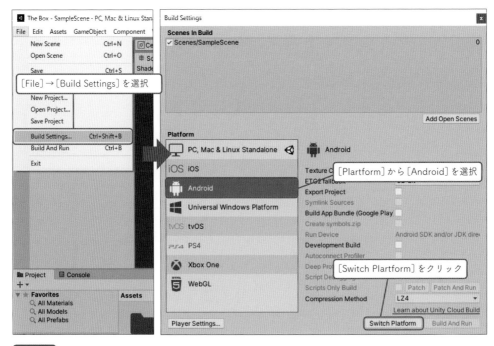

図 5-04 ビルド対象をAndoridに切り替え

　ビルド対象をAndroidにすると、Android向けの画面サイズに切り替えられるようになります。[Game]ビューで画面のアスペクト比（縦横比）を選択しましょう。今回は「720x1280」という縦長の設定を選択します **図5-05** 。

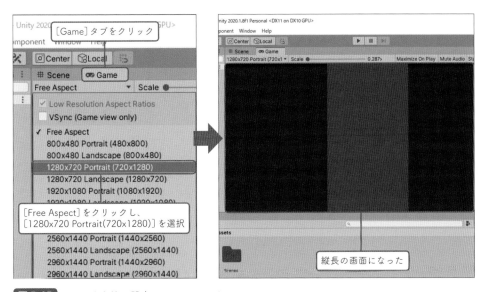

図5-05 アスペクト比の設定

▣ フォルダの作成

　これまでプロジェクトの[Assets]フォルダには、スクリプトやシーンのファイルを一緒くたに入れていましたが、種類ごとに分類されていたほうが管理しやすくなります。「Resources」「Scripts」の2つのフォルダを作成し、それぞれ画像とサウンド、シーン、スクリプトを入れるようにします **図5-06** 。

　[Project]ウィンドウの[+]をクリックし、[Folder]を選択してフォルダを作成します（P.81参照）。

図5-06 3つのフォルダを作成

🖵 画像のインポート

　ゲームで使う画像類を先にプロジェクトにインポートしておきましょう。ダウンロードサンプルファイル（P.6参照）の［Chapter5］フォルダ内の［images］フォルダに使用する画像ファイルがまとめられています 図 5-07 。

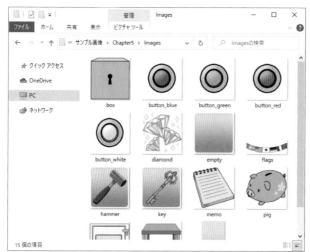

図 5-07
Chapter5用の［images］フォルダ

　この［images］フォルダを丸ごと［Resources］フォルダにインポートしておきます 図 5-08 。

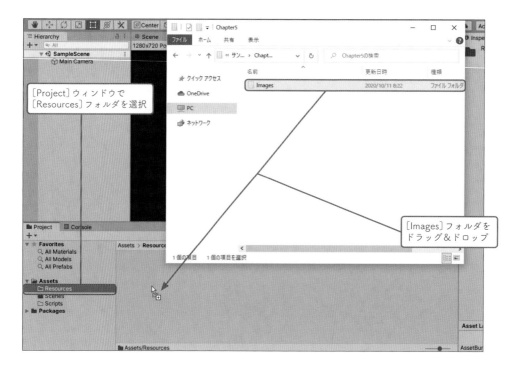

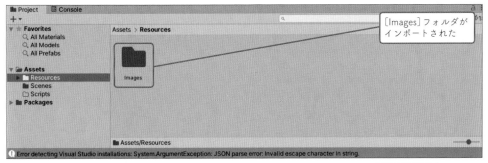

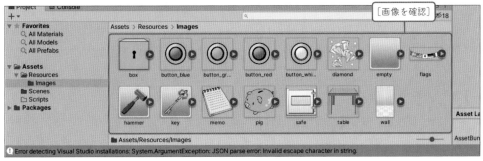

図 5-08 画像のインポート

インポートした画像はスプライト（P.83参照）になっているはずです。また、すべての画像に対し、［Generate Mip Maps］のチェックが入っていないことを確認してください **図 5-09**。これはスプライトをかなり縮小した状態の画像をあらかじめ用意しておく設定ですが、今回は原寸で表示するので不要です。

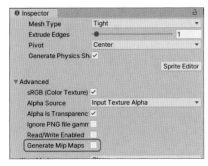

図 5-09
［Generate Mip Maps］を無効にする

● タイトル画面をつくる

▢ シーンの作成

まずはゲーム開始時に表示されるタイトル画面から作成していきましょう。タイトル画面にはゲームタイトルとボタンが表示されていて、ボタンをクリックするとゲームが開始されるようにします。

Unityでボタンなどの操作できる部品をつくる機能をUnityUI（通称uGUI）と呼び

ます。これを利用するとゲーム画面にボタンやテキストボックス、チェックボックスなどを配置することができます。例えば、シューティングゲームで武器を選択する画面や、RPGのアイテム倉庫画面などをつくるときに使うわけです。

　ひとまずこのボタン類を配置するためにシーンを作成します。プロジェクトの作成時にSampleSceneというシーンが自動作成されているので、これをTitleSceneというリネームしましょう 図 5-10 。

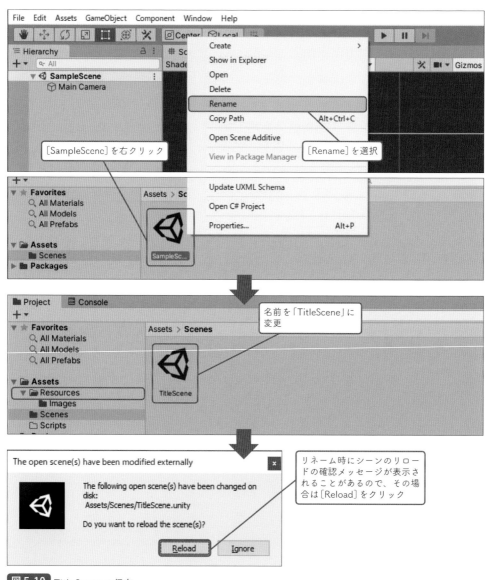

図 5-10 TitleSceneの保存

キャンバスの作成

最初にキャンバス（Canvas）を作成します。キャンバスはボタンなどの部品を配置する土台となるパーツで、それ自体は透明で表示されません。透明なパーツとなると意味がなさそうに感じますが、ボタン類をキャンバスの子オブジェクトとして配置すれば、まとめて移動したりサイズ変更したりできて便利なのです。

それではさっそくキャンバスをつくってみましょう 図 5-11 。

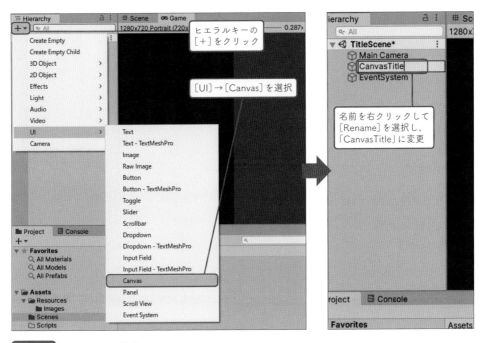

図 5-11 キャンバスの作成

キャンバスなどのUnityUI関連のゲームオブジェクトを追加すると、Event Systemというゲームオブジェクトが自動的に追加されます。これはUnityUIが使用するので、そのまま残しておいてください。

真っ白なキャンバスじゃなくて、透明なキャンバスだね

◯ キャンバスのサイズを調整する

作成直後のキャンバスはゲーム画面よりはるかに大きいサイズです。ヒエラルキーでCanvasTitleをダブルクリックしてキャンバス全体が入る表示倍率にすると、もともとのゲーム画面は右下に小さく表示されるだけになってしまいます。単位の基準がまったくあっていないのです 図5-12 。

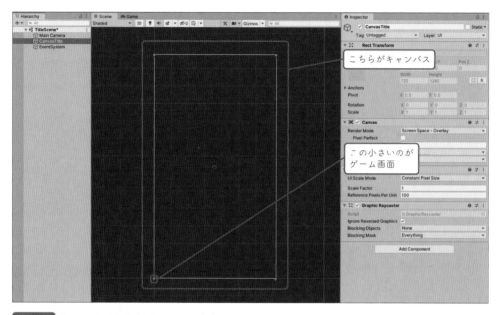

図5-12 キャンバスが画面よりはるかに大きい

そもそもここでいう「もともとのゲーム画面」は何かというと、Main Camera ゲームオブジェクト、つまりカメラが映す範囲です。

キャンバスの設定を変更してカメラの範囲内に収まるよう調整すれば、ゲーム画面とあうようになります。

CanvasTitle を選択して、次のようにインスペクターで設定します 図5-13 。

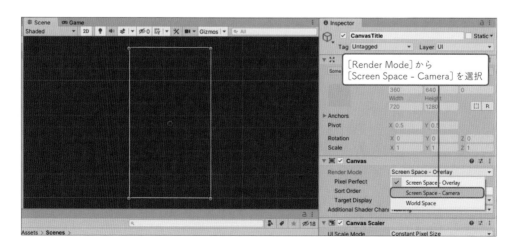

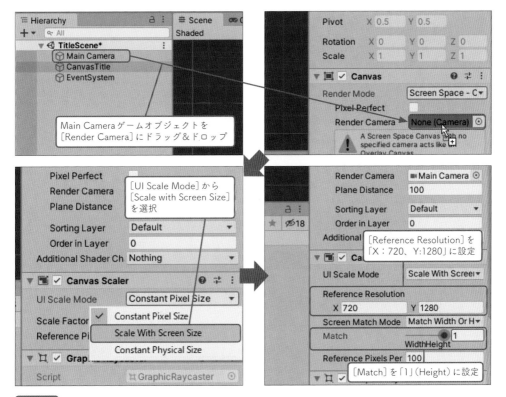

図 5-13 キャンバスを画面にあわせる設定

　最初に設定しているCanvasコンポーネントはキャンバスの機能そのものを提供しています。[Render Mode]を[Screen Space - Camera]にして参照するカメラを指定すると、カメラの撮影範囲に収まるようサイズ調整されます。

　次のCanvasScalerコンポーネントは、キャンバス上に配置したUIパーツのサイズを調整します。[UI Scale Mode]を[Scale with Screen Size]にした場合、[Reference Resolution]に指定した解像度（画面サイズ）を基準に調整します。[Screen Match Mode]は実機の画面サイズと[Reference Resolution]の設定値が一致しないときの調整方法の設定で、ここでは高さをそろえて幅を変更するよう設定しています。

❋「隙間」と「はみ出し」どちらを許す？

[Screen Match Mode]は、実機の画面サイズにあわせるときに縦と横のどちらかを基準にするかを決める設定です。長いほうの辺を基準にした場合は画面要素のすべてが必ず収まる代わり、上下か左右に隙間（黒帯）ができることがあります。逆に短いほうの辺を基準にした場合は、隙間はできませんが画面要素がはみ出すことがあります。実機テストで問題がないか確認するようにしましょう。

背景を配置

キャンバスの上にUIパーツを配置していきましょう。まずは白い背景を敷きます。塗りつぶしや単に飾りとして画像を表示させたい場合は、イメージを配置します。CanvasTitleの子のオブジェクトになるようにしましょう。子オブジェクトになると、ヒエラルキー上では親のオブジェクトより一段下がって表示されます。なっていない場合は、ヒエラルキー上でオブジェクトをドラッグして調整します 図5-14 。

オブジェクトを親子関係にすると、親のオブジェクトを移動するだけで子のオブジェクトもまとめて移動されるため、扱いが簡単になります。

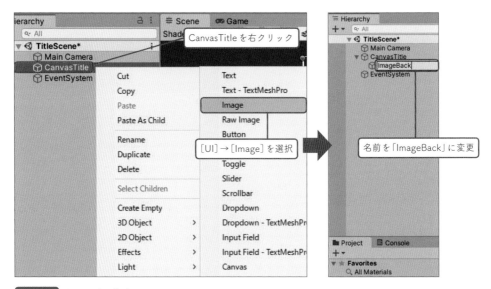

図5-14 イメージの作成

初期状態では100×100ピクセルという小さなサイズになるので、画面全体を覆うサイズに変更します。UIパーツは、通常のTransformコンポーネントの代わりにRectTransform（レクトトランスフォーム）コンポーネントを持っています。

RectTransformコンポーネントでは、アンカー（Anchor）の種類によって、位置かサイズを自動調整できます 図5-15 。

● 親オブジェクトと位置をあわせる
　[Anchor]でstretch（ストレッチ）以外を選び、[Pos X]［Pos Y]［Width]［Height]で位置とサイズを指定
● 親オブジェクトとサイズをあわせる
　[Anchor]でstretchを選び、[Left]［Right]［Top]［Bottom]でパディング（余白）サイズを指定

ストレッチ以外（center や left など）　　　　ストレッチ

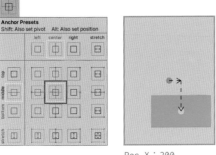

Pos X：200
Pos Y：-600

親オブジェクトのどこか（中央か四辺）を基準に、
相対的な位置を指定。幅と高さを指定できる。

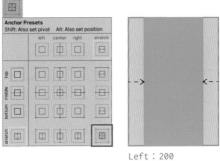

Left：200
Right：200

親オブジェクトとサイズをあわせる。パディング
（余白）の量でサイズを調整できる。

図 5-15 RectTransform の位置・サイズ指定の仕組み

　　ここでは［Anchor］は初期設定の center と middle のままで、［Pos］を「X：0、Y：0」
にして、イメージの中央を親のキャンバスの中央にそろえます。［Width］と［Height］
に 720 と 1280 を設定し、サイズを画面とあわせます 図 5-16 。

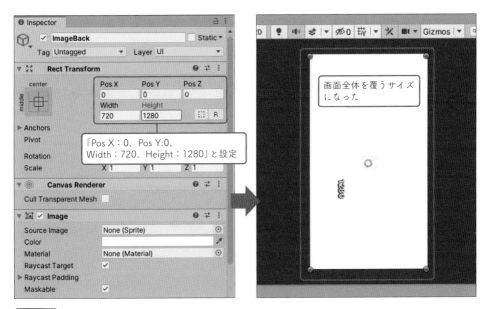

図 5-16 イメージの配置を調整

タイトルテキストを配置

　　今度はゲームのタイトルである「THE BOX」という文字を配置してみましょう。
テキストという UI パーツを利用します。
　　CanvasTitle の子のオブジェクトになるようにテキストを配置します 図 5-17 。

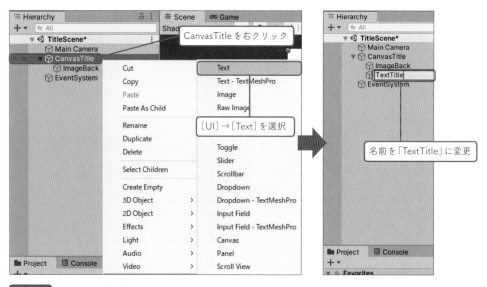

図 5-17 テキストの作成

　まず位置とサイズを調整し、幅は画面いっぱい、画面の中央より少し上にずれた
位置に配置します**図 5-18** 。

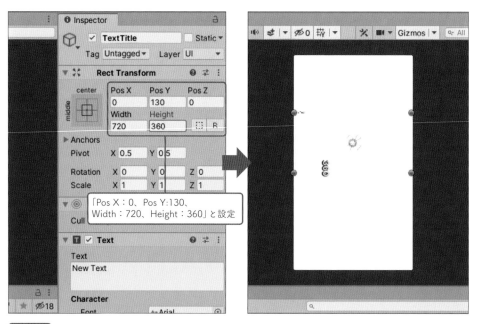

図 5-18 テキストの配置を調整

　テキストの文字の内容やサイズなどを変更するには、インスペクターでText コ
ンポーネントを設定します**図 5-19** 。

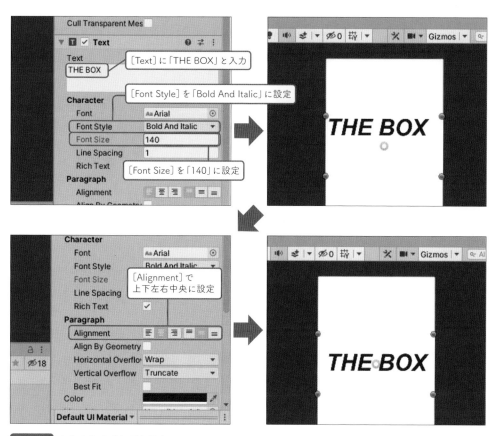

[Text]に「THE BOX」と入力

[Font Style]を「Bold And Italic」に設定

[Font Size]を「140」に設定

[Alignment]で
上下左右中央に設定

図5-19 文字やサイズなどを設定

ボタンを配置

最後にゲームを開始する「Start」ボタンを作成します。そろそろ想像が付くかもしれませんがボタンというUIパーツを利用します。

CanvasTitleの子のオブジェクトになるように作成します 図5-20 。

ここからボタンを
いっぱい置いて
いくよー

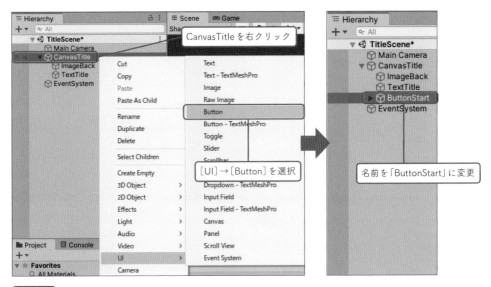

図 5-20 ボタンの作成

　まず位置とサイズを調整し、画面の中央より少し下にずれた位置に配置します **図 5-21** 。

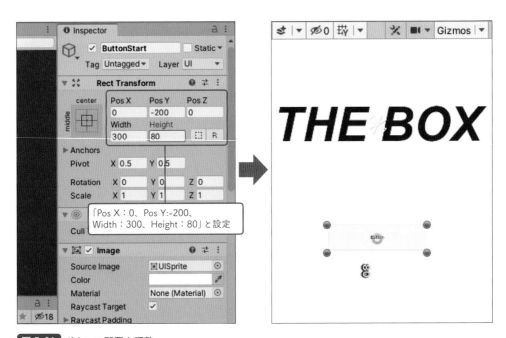

図 5-21 ボタンの配置を調整

　ボタンの文字を設定するには、ボタンの子オブジェクトになっているテキストを選択します **図 5-22** 。

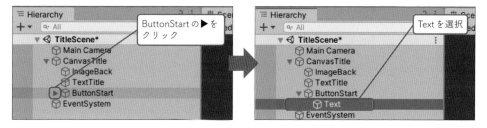

図 5-22 ボタンのテキストを選択

テキストの文字の内容やサイズなどを変更するには、インスペクターでTextコンポーネントを設定します 図 5-23 。

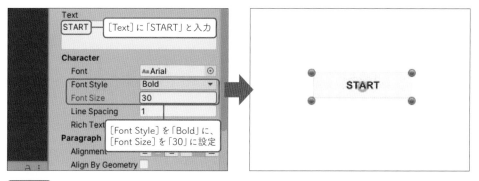

図 5-23 ボタンのテキストを設定

これで、ちょっとシンプルですが、スタート画面の見た目ができ上がりました 図 5-24 。

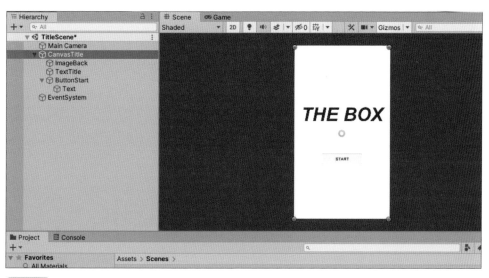

図 5-24 スタート画面

プログラムで次のシーンに切り替える

ボタンというUIパーツには、クリックされたときにスクリプト内のメソッドを呼び出す機能があります。これを使ってスタートボタンをクリックすると、次のシーンが読み込まれるようにしましょう。

スクリプトを作成する

まず、[Project]ウィンドウでTitleManager.csを作成します 図 5-25 。

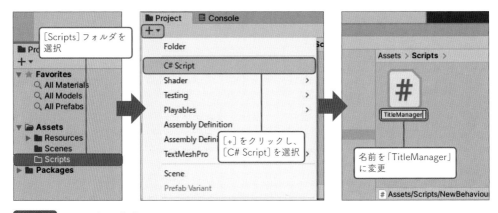

図 5-25 スクリプトの作成

TitleManager.csをダブルクリックして開き、次のようにPushStartButtonメソッドを追加します。UnityEngine.SceneManagementという名前空間も忘れずに取り込んでください コード 5-01 。

コード 5-01 TitleManager.cs

```
using UnityEngine;
using System.Collections;
using UnityEngine.SceneManagement;

public class TitleManager : MonoBehaviour {

    // Use this for initialization
    void Start () {

    }

    // Update is called once per frame
    void Update () {

```

```
    }

    public void PushStartButton () {
        SceneManager.LoadScene ("GameScene");
    }
}
```

クラスやメソッドの名前を見ると何となく働きがわかるかもしれませんね。
SceneManager クラスの LoadScene メソッドを呼び出して、GameScene を読み
込んでいます。

　スクリプトが作成できたら、TitleManager という名前の空オブジェクトを作成
し、TitleManager.cs と関連付けます 図 5-26 。

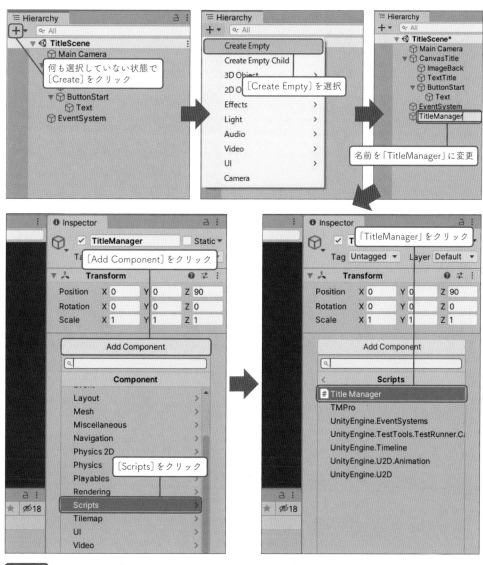

図 5-26 TitleManager ゲームオブジェクトを作成し、スクリプトを割り当てる

脱出ゲームをつくろう

Chapter

5

ボタンにメソッドを関連付ける

ボタンはButtonコンポーネントを持っています。「クリックされたときに何かを実行する」というボタンの基本機能を実現するコンポーネントです。ボタンなどのUIパーツはイベントを持っており、そこにどのメソッドを呼び出すのかを指定します。

ボタンの場合ならOnClickイベントを持つので、そこに先ほど定義したPushStartButtonメソッドを割り当てます。ここには複数のメソッドを割り当てることもできます 図5-27 。

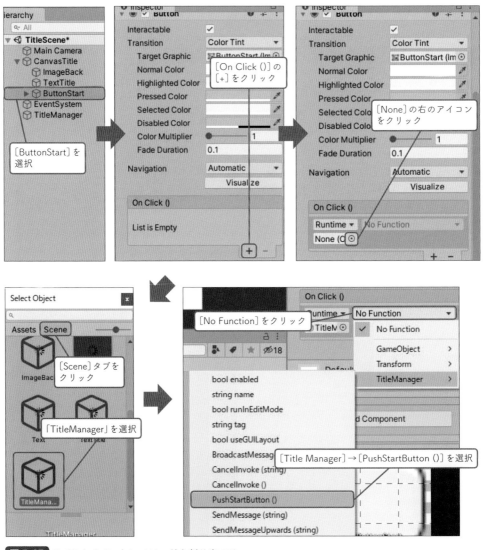

図 5-27 OnClickイベントにメソッドを割り当てる

OnClickイベントに対し、TitleManagerゲームオブジェクトを割り当て、そこに関連付けられているTitleManagerコンポーネント（クラス）のPushStartButtonメ

ソッドを選択したのです。

　ただしここで実行すると、ボタンをクリックしたときにエラーが表示されます
図 5-28 。

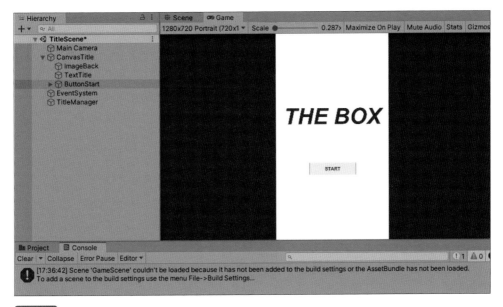

図 5-28　実行結果

　「Scene 'GameScene' couldn't be loaded…… To add a scene to the build
settings……（GameSceneを読み込めませんでした。ビルド設定でシーンを追加し
てください）」とあります。そもそもGameScene自体つくっていませんからエラー
が出ても当然ですね。

GameSceneをビルド設定に登録する

　新たにGameSceneという名前のシーンを作成します 図 5-29 。

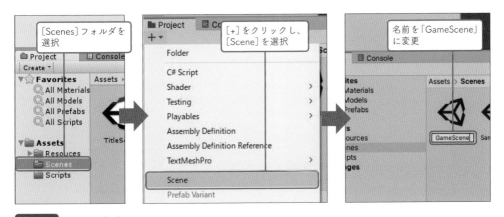

図 5-29　シーンの作成

　次に［File］メニューから［Build Settings］を選択し、ビルド設定にシーンを登録

します。リストの順番が読み込み順となるので、TitleSceneがリストの一番上にくるようにしてください 図5-30 。

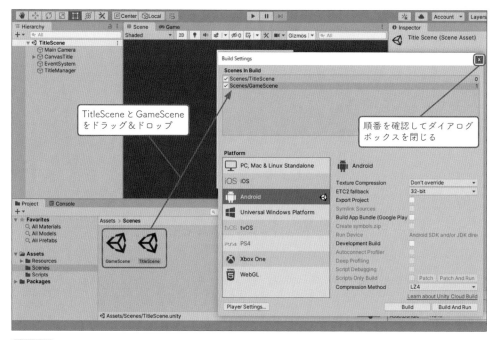

図5-30 シーンをビルド設定に登録

もう一度実行して試してみましょう。STARTボタンをクリックして、何もないGameSceneが表示されたら成功です 図5-31 。

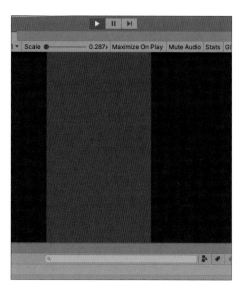

図5-31 実行結果

2 部屋の壁をつくろう

ここからゲーム本編を作成していきます。
まずは部屋の壁を配置して部屋をつくり、ボタンをクリックして
ぐるっと見回せるところまでをつくりましょう。

● ゲームの部屋の構造

ゲーム本編のGameScene上にゲームの画面を構築していきましょう。今回の
ゲームでは部屋には4つの壁があり、左右のボタンで壁を切り替えることができま
す 図5-32 。

ゲーム上の物体と移動ボタンなどがありますが、すべてUnityUIのパーツを利
用して組み立てていきます。両者が混在しないように、配置するキャンバスを
CanvasGameとCanvasUIの2つに分けます。

また、壁の部分は、パネルというUIパーツを利用して作成します。画面に表示
するPanelWallsの子として、PanelWall1〜PanelWall4の4つの壁のパネルを等間
隔に配置し、X座標を変更して表示する壁を切り替えます。

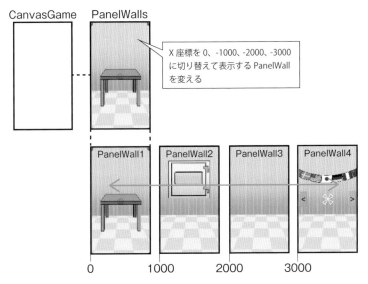

図5-32 GameSceneの構造

キャンバスを作成する

GameSceneを開いて2つのキャンバスを作成しましょう。[Project]ウィンドウからGameSceneをダブルクリックして開きます。TitleSceneを保存するのを忘れないようにしてください 図5-33 。

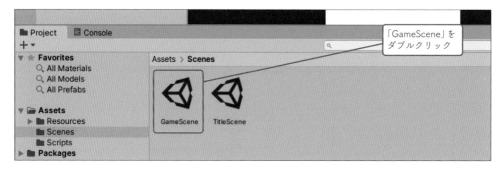

図5-33 GameSceneを開く

1つめのキャンバスを作成し 図5-34 、ゲーム画面にあわせる設定をします 図5-35 。やり方はP.111で説明したとおりです。

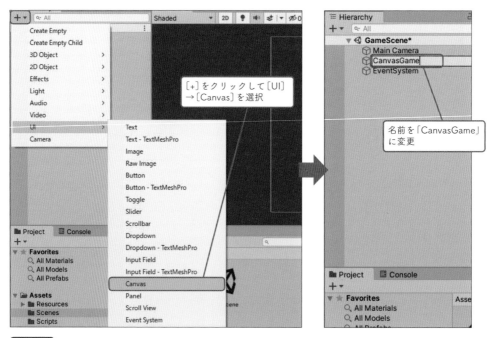

図5-34 CanvasGameの作成

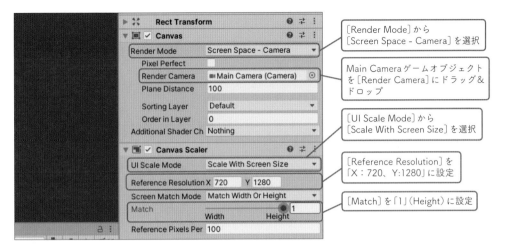

図 5-35 キャンバスを画面にあわせる設定

　[Render Mode]から[Screen Space - Camera]を選択

　Main Camera ゲームオブジェクトを[Render Camera]にドラッグ＆ドロップ

　[UI Scale Mode]から[Scale With Screen Size]を選択

　[Reference Resolution]を「X：720、Y:1280」に設定

　[Match]を「1」(Height)に設定

　もう1つ同じ設定のCanvasUIをつくりますが、同じ設定を繰り返すのが面倒なので、複製して名前を変更しましょう 図5-36 。

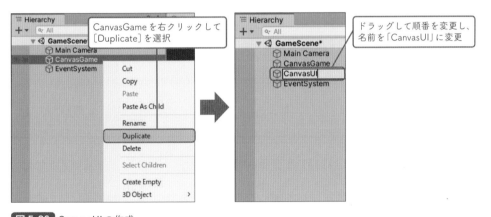

CanvasGame を右クリックして[Duplicate]を選択

ドラッグして順番を変更し、名前を「CanvasUI」に変更

図 5-36 CanvasUI の作成

　CanvasUI の[Order in Layer]を1に設定しておきます 図5-37 。これはCanvasUIを他よりつねに手前に表示させるための設定です（P.203参照）。

図 5-37
CanvasUI の[Order in Layer]を1にする

● GameManager.cs をつくる

　壁を配置する前にスクリプトのGameManager.csを作成しておきます。これまで何度もやってきた手順なので、スクリプトの作成についてはP.89を、空オブジェ

クトのつくり方とインスペクターへの割り当てについては P.119 を参考にして設定してみてください 図5-38 。

図5-38 スクリプトを作成

GameManager という名前のスクリプトを作成すると自動的に歯車のアイコンになります。

● 壁をつくる

□ パネルの作成

最初に見せた設計図のとおり、1つのパネルと4つのパネルを作成します。パネルのつくり方はほかの UI パーツと同じです 図5-39 。

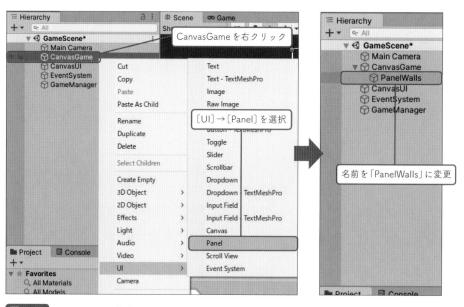

図5-39 PanelWalls の作成

パネルは初期状態でストレッチ（stretch）が設定されていますが、ここでは壁のパネルを切り替えるため［center・middle］に変更します 図5-40 。

設定を変更したPanelWallsは、以下のようになります 図5-41 。

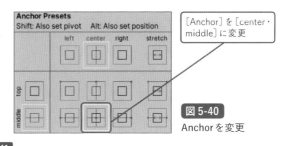

図5-40 Anchorを変更

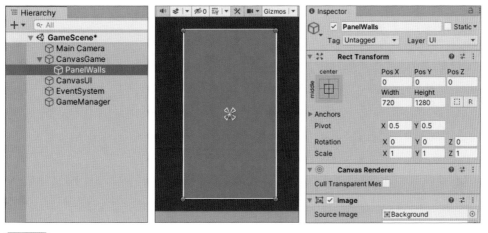

図5-41 パネルの初期状態

さらにPanelWallsを右クリックして［UI］→［Panel］を選択し、それを4回繰り返して子のパネルを4つ作成します。これらは実際の壁になる部分です。それぞれPanelWall1〜4という名前に変更し、アンカーを［center・middle］に変更しておきます 図5-42 。

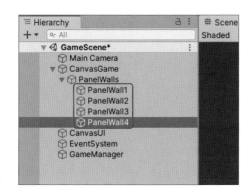

図5-42
PanelWallsの子として4つのパネルを作成

パネルを横に並べる

4つのパネルが重なった状態なので、横に並べていきましょう。アンカーを［center・middle］に変更しておいたので、それぞれの［PosX］を選定することで位置を調整できます 図5-43 。

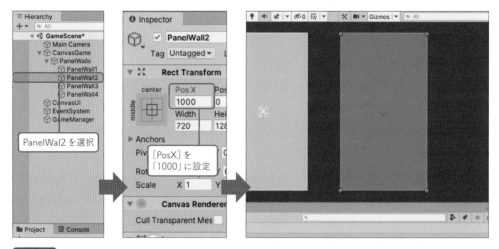

図 5-43 PanelWall2 を右に 1000 ずらす

　同じように PanelWall3 の [PosX] は「2000」に、PanelWall4 の [PosX] は「3000」に設定します 図 5-44 。

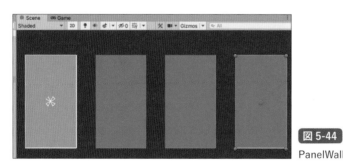

図 5-44
PanelWall3 と 4 を右に 1000 ずつずらす

　ここで親の PanelWalls を選択し、インスペクターで [PosX] を「-1000」に設定してみてください。子の4つのパネルごとまとめて左に 1000 移動します 図 5-45 。ただしカメラの位置は移動しないので、ゲーム画面上では向いている壁が変わったように見えます。これが壁を切り替える仕組みです。

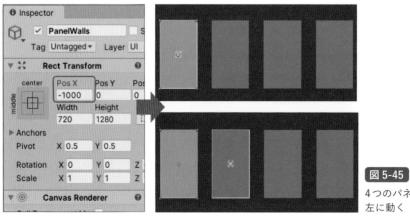

図 5-45
4つのパネルごと
左に動く

■ パネル上に画像を置く

　部屋に表示される物体には、クリックして操作できるものと単に見た目だけのものがあります。先に見た目だけのものをUIパーツのImageを利用して配置しましょう。4つのパネルの上に壁を、PanelWall1に机、PanelWall2に金庫、PanelWall4に万国旗を配置します。

　まずは壁からです。PanelWall1の子のイメージを作成します 図5-46 。

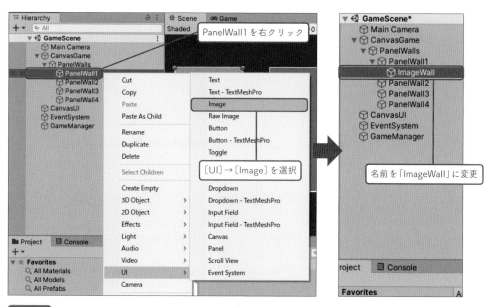

図 5-46 壁用のイメージを作成

　[Source Image]で壁のスプライトのwallを選択します 図5-47 。

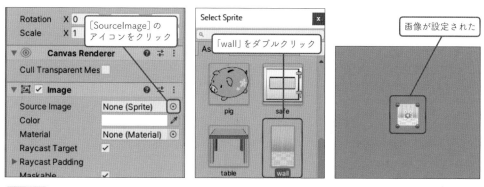

図 5-47 パネルに画像を設定

　イメージは初期状態では100×100というサイズで配置されるため、実際の画像より小さく表示されます。Imageコンポーネントの[Set Native Size]をクリックすると、元画像のサイズにあわせて調整されます 図5-48 。

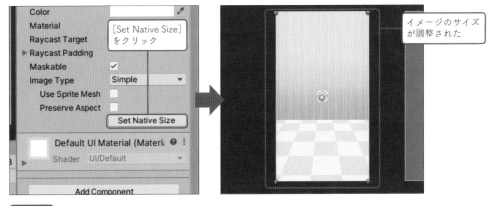

図 5-48 イメージのサイズを調整する

位置を調整します。ストレッチではなく中央ぞろえになっているので、親オブジェクトの中央を基準にして［Pos X］と［Pos Y］を設定します 図 5-49 。

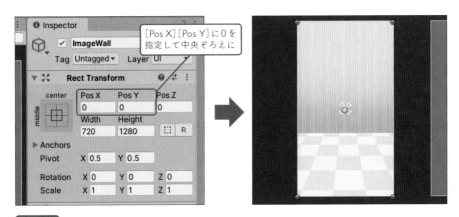

図 5-49 壁の位置をそろえる

同じように PanelWall2 〜 4 にも壁の画像を設定します。名前はすべて ImageWall で OK です 図 5-50 。

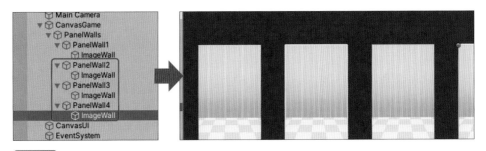

図 5-50 すべてのパネルに壁の画像を設定

なお、4つの壁が表示されていない場合は［Game］ビューのままになっている可能性があります。［Game］ビューではカメラの表示範囲からはみ出した部分は表示されないので［Scene］ビューに切り替えましょう。

机、金庫、万国旗を置く

　机などのアイテムを置いていきましょう。壁と同じようにイメージを作成し、割り当てる画像を選択して、サイズや位置を設定していきます。

　机のImageDeskはPanelWall1の子にし、位置は[Pos X]は0、[Pos Y]は-142とします 図5-51 。

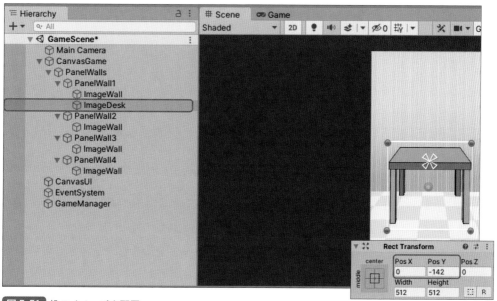

図5-51 机のイメージを配置

　同じようにPanelWall2に金庫を、PanelWall4に万国旗を配置します。どちらも左右は中央ぞろえにするので[Pos X]は0です。金庫の[Pos Y]は250、万国旗の[Pos Y]は300としますが、多少ずれていても問題ありません 図5-52 。

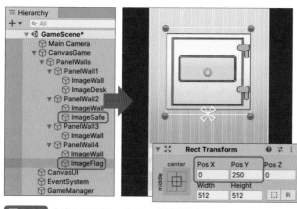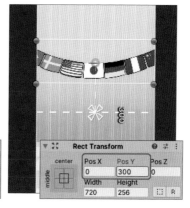

図5-52 金庫と万国旗のイメージを配置する

壁を切り替え可能にする

切り替えボタンを配置する

壁の準備ができたので、壁を切り替える仕組みを実装しましょう。

まずはCanvasUIに2つのボタンを配置します 図5-53 。ボタンのつくり方はもうわかりますね（P.116参照）。ボタンの名前はButtonLeftにします。

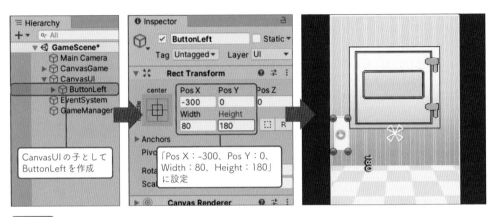

CanvasUIの子として
ButtonLeftを作成

「Pos X：-300、Pos Y：0、
Width：80、Height：180」
に設定

図 5-53 ボタンを作成

ボタンの色を半透明の紫に変更します。[Color]ダイアログボックスのRGBはそれぞれ赤、緑、青色の強さを表し、Aは不透明度を表します。255が最大なので、200だとうっすら後ろが透ける程度の半透明になります。ヒエラルキーでボタンの子のテキストを選択して（P.117参照）、テキスト内容を「<」に変更します 図5-54 。

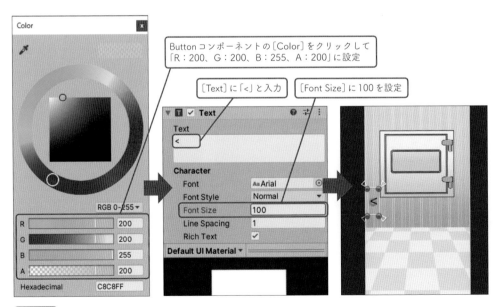

Buttonコンポーネントの[Color]をクリックして
「R：200、G：200、B：255、A：200」に設定

[Text]に「<」と入力

[Font Size]に100を設定

図 5-54 ボタンの色とテキスト設定

次はButtonRightを作成しましょう。同じ設定をするのは面倒なのでButtonLeft
を複製します 図5-55 。

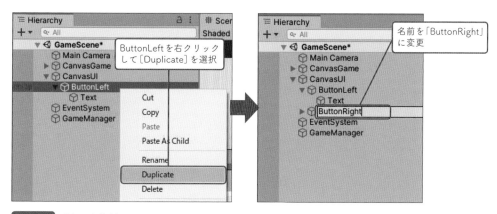

図5-55 ボタンを複製

画面の右側に来るよう位置を変更し、テキストを「>」に変更します。これで左右
に移動するボタンの完成です 図5-56 。

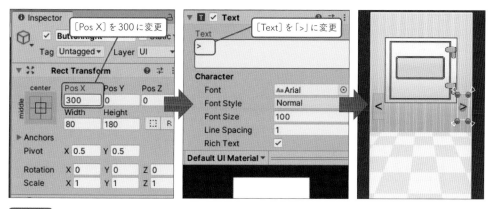

図5-56 位置とテキストを変更

左右に切り替えるプログラムを書く

GameManager.csを編集して、ボタンで向いている方向を切り替えられるよう
にしましょう。ButtonLeftをクリックすると左回りに、ButtonRightをクリックす
ると右回りに切り替えるメソッドを追加します。その前にまずは現在向いている方
向を記録するメンバー変数を宣言します コード5-02 。

コード5-02 GameManager.cs

```
using UnityEngine;
using System.Collections;


using UnityEngine.UI;
```

```
public class GameManager : MonoBehaviour {

    //定数定義：壁方向
    public const int WALL_FRONT = 1;        //前
    public const int WALL_RIGHT = 2;        //右
    public const int WALL_BACK  = 3;        //後
    public const int WALL_LEFT  = 4;        //左


    public GameObject panelWalls;           //壁全体


    private int wallNo;                      //現在の向いている方向

    // Use this for initialization
    void Start () {
        wallNo = WALL_FRONT;                 //スタート時点では「前」を向く
    }


    // Update is called once per frame
    void Update () {

    }
}
```

　　コンピューターではなるべく数値で表したほうがいろいろと便利なので、現在向いている向きも1〜4の数値で表します。ただし、1が前、2が右では人間には覚えにくいので、わかりやすい名前の定数（ていすう）を宣言します。

　　定数の宣言方法はメンバー変数とほとんど同じですが、型の前にconst（コンスト）というキーワードを付けます。こうすると初期化後に他の値を代入できなくなります。名前のとおり「定まって」しまうのです。

　　定数の名前は、変数名と見分けやすいよう慣用的に大文字のアルファベットを使います。

```
public const int WALL_FRONT = 1;
```

　　この定数を記録するために、wallNoというメンバー変数を宣言し、ゲーム開始時点では前を向くようStartメソッド内でWALL_FRONT（1）を代入します。

◯ パブリック変数はインスペクターで設定可能

　　まだ使っていませんが、GameObject型のpanelWallsというメンバー変数も、public（P.49参照）付きで宣言しています。

```
public GameObject panelWalls;
```

スクリプトを保存して、Unity エディタに切り替えて GameManager オブジェクトを選択し、インスペクターを見てみてください。［Panel Walls］という項目が追加されています。先頭が大文字になっていますが、これは先ほどの panelWalls というメンバー変数と同じものです。

Unity では、MonoBehaviour を継承したクラスでパブリックなメンバー変数（パブリック変数）を宣言すると、インスペクターに設定項目（プロパティ）として表示され、エディタ上で値を設定できるのです。

panelWalls は GameObject 型なので、任意のゲームオブジェクトを登録できます。ヒエラルキーから PanelWalls を登録してみましょう 図 5-57 。

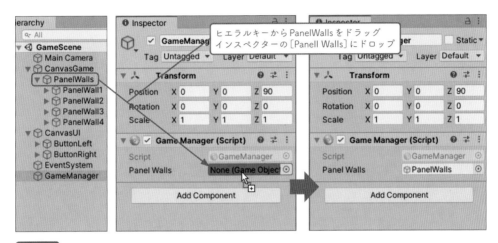

図 5-57 プロパティにゲームオブジェクトを設定

これでプログラム側ではメンバー変数 panelWalls を通して、ゲームオブジェクトの PanelWalls を操作できるようになります。プログラムだけでゲームオブジェクトを取得することもできるのですが、インスペクターを使う方式ならプログラムを書き換えることなく、エディタ上で対象のゲームオブジェクトを変更できるというメリットがあります。

ちなみにインスペクター上の設定項目の外観はパブリック変数の型によって変わります。int 型なら数値を入力できるボックスが表示され、Color 型なら色を指定するボックスになります。

💭 ボタンから呼び出されるメソッドを追加する

ButtonRight と ButtonLeft を押したときに呼び出されるメソッドを追加します。まずは PushButtonRight メソッドからです コード 5-03 。

コード 5-03 GameManager.cs

```
……前略……
// Update is called once per frame
void Update () {
```

```
    }

    //右(>)ボタンを押した
    public void PushButtonRight () {
        wallNo++;      //方向を1つ右に
        //「左」の1つ右は「前」
        if (wallNo > WALL_LEFT) {
            wallNo = WALL_FRONT;
        }
        DisplayWall (); //壁表示更新
    }

}
```

　このメソッド内では、メンバー変数wallNoを1増やします。これで現在の方向がWALL_FRONT（1）ならWALL_RIGHT（2）に、WALL_RIGHT（2）ならWALL_BACK（3）に切り替わります。しかし、WALL_LEFT（4）のあと5になってしまうと困ります。そこでif文を使ってWALL_LEFTより大きくなったら最初のWALL_FRONTに戻るようにしています。実際に壁の表示を更新するDisplayWallメソッドはあとで定義します。

　次はPushButtonLeftメソッドです。こちらはwallNoを1減らします コード 5-04 。PushButtonRightメソッドとそっくりですが、if文の条件式などが細かく変わっています。こういうときは先に書いたメソッドをコピー＆ペーストし、違うところだけ書き替えると楽です。

コード 5-04 GameManager.cs

コピーしてメソッドを
追加するときは、書き
替え忘れに注意してね

```
……前略……
        DisplayWall (); //壁表示更新
    }

    //左(<)ボタンを押した
    public void PushButtonLeft () {
        wallNo--;      //方向を1つ左に
        //「前」の1つ左は「左」
        if (wallNo < WALL_FRONT) {
            wallNo = WALL_LEFT;
        }
        DisplayWall (); //壁表示更新
    }

}
```

🔵 壁の表示を更新するメソッドを追加する

壁の表示を更新する DisplayWall メソッドを追加します コード 5-05 。

コード 5-05 GameManager.cs

```
……前略……
    DisplayWall (); //壁表示更新
}


//向いている方向の壁を表示
void DisplayWall(){
    switch (wallNo) {
    case WALL_FRONT: //前
        panelWalls.transform.localPosition = new Vector3 (0.0f, 0.0f, 0.0f);
        break;
    case WALL_RIGHT: //右
        panelWalls.transform.localPosition = new Vector3 (-1000.0f, 0.0f, 0.0f);
        break;
    case WALL_BACK: //後
        panelWalls.transform.localPosition = new Vector3 (-2000.0f, 0.0f, 0.0f);
        break;
    case WALL_LEFT: //左
        panelWalls.transform.localPosition = new Vector3 (-3000.0f, 0.0f, 0.0f);
        break;
    }
}
```

wallNoの値によってswitch文（P.62参照）でpanelWalls の transform.localPosition を切り替えています。localPositionはピボット（基準位置）の座標を表しています。ここに0、-1000、-2000、-3000のいずれかを代入すると表示される壁が切り替わる仕組みです。前にUnityエディタ上でテストしたとおりですね（P.128参照）。

メンバー変数	説明
anchoredPosition	アンカー基準点に対する相対的なピボットの位置。[Pivot]に相当。
anchorMax	右上のアンカー位置。[Anchors]の[Max]に相当。
anchorMin	左下のアンカー位置。[Anchors]の[Min]に相当。
offsetMax	右上のアンカーを基準にした矩形の右上角のオフセット。
offsetMin	左下のアンカーを基準にした矩形の左下角のオフセット。
sizeDelta	アンカー間の距離と比較したRectTransformのサイズ。[Width]と[Height]に相当。

表 5-01 RectTransformクラスの主なメンバー

ちなみにプログラムで設定する場合、ストレッチかそうでないかは、RectTransformクラスのanchorMaxとanchorMinの値で決まり、両者のx、yが一致しない場合はストレッチとなります 表5-01 。インスペクター上で［Anchors］の［Max］と［Min］の値を変更してみると、関係が何となくわかると思います。

● ボタンにメソッドを割り当てる

ButtonLeftゲームオブジェクトにPushButtonLeftメソッドを割り当て、ButtonRightゲームオブジェクトにPushButtonRightメソッドを割り当てましょう。

ヒエラルキーでButtonLeftを選択し、OnClickイベント（P.120参照）の［+］をクリックして、GameManagerクラスのPushButtonLeftメソッドを選択します 図5-58 。P.120の手順とGameManagerゲームオブジェクトの割り当て方が違いますが、結果は同じなのでやりやすいほうを選んでください。

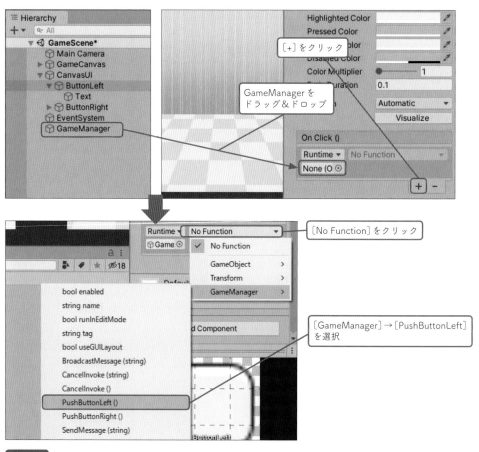

図5-58 ButtonLeftにメソッドを割り当て

同じようにButtonRightにもメソッドを割り当てます 図5-59 。

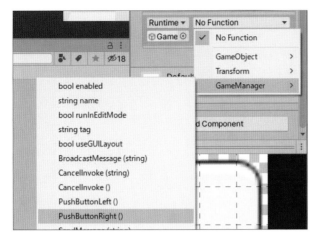

図 5-59
ButtonRightにメソッドを割り当て

これで向きを切り替える仕組みは完成です。実行テストしてみましょう 図5-60 。

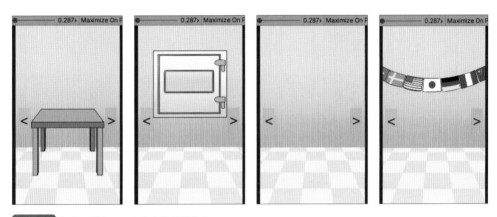

図 5-60 左右のボタンで向きを切り替える

うまくできましたか？ プレイモード中に［Scene］ビューに切り替えてみると、パネルの位置が動いているのが確認できるはずです 図5-61 。向きを変えるといっても、実際に変わっているのは視点（カメラ）ではなく、パネル上の壁なのです。

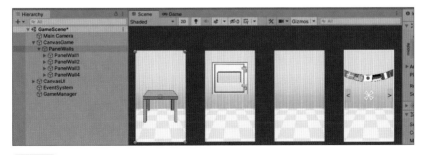

図 5-61 プレイモード中に［Scene］ビューで確認

❋ Camera コンポーネント

本書のサンプルゲームでは、カメラ（Main Camera）の設定は2Dプロジェクトの初期設定のままで問題ありませんが、2Dゲームにおいてもカメラは重要な役割を果たすことがあります。カメラの機能を提供するCameraコンポーネントは、下表に示す機能を持っています（ 図5-62 表5-02 ）。3Dゲームでも使われるため、2Dゲームに関係しないプロパティも少なくありません。

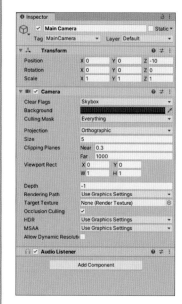

図 5-62

Cameraコンポーネント
（2Dプロジェクトの初期設定）

プロパティ	説明
Clear Flags	画面のどの部分をクリアするかを決定。
Background	背景色を設定。
Culling Mask	特定のレイヤーを取り除くか割り当てるかを設定。
Projection	3D用の「Perspective（透視投影）」、2D用の「Orthographic（正投影）」を切り替える
Size	Orthographicでのカメラのビューポイントのサイズ
Clipping Planes	3Dゲームにおいて、カメラの描画範囲を決める
Viewport Rect	画面座標内での描画される場所を示す
Depth	複数のカメラを使用する場合の描画順を決める値
Rendering Path	レンダリング方法を定義するオプション
Target Texture	カメラビューのレンダーテクスチャへの参照
HDR	ハイダイナミックレンジレンダリングのオン／オフを切り替える
MSAA	マルチサンプリングアンチエイリアスのオン／オフを切り替える

表 5-02 Cameraコンポーネントのプロパティ

3

仕掛けを配置しよう

脱出ゲームのメインである仕掛けをつくっていきましょう。
それぞれの仕掛けはボタンとして配置し、
押されたときにどうするかをスクリプトで決めていきます。

● メモ帳をつくる

◻ メモ帳のボタンを配置する

PanelWall2にメモ帳を配置します。これをクリック（実機ではタップ）すると、
ヒントのテキストメッセージが表示される仕掛けです。クリックで動作するので、
メモ帳とテキストメッセージはどちらもボタンとして作成します 図5-63 。

図 5-63

落ちているメモをタップすると
メッセージが表示される

まずはメモ帳のボタンを配置していきましょう。名前はButtonMemoとします
図5-64 。

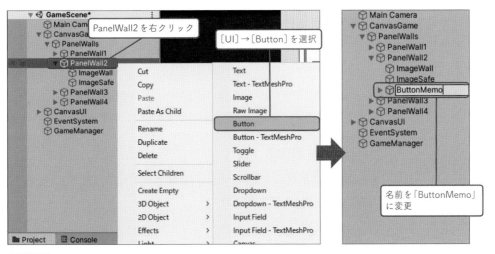

図 5-64 ButtonMemoを作成

メモ帳の画像を割り当てます。ボタンは最初からImageコンポーネントを持っているので、そこに画像を割り当てるだけでOKです 図 5-65 。

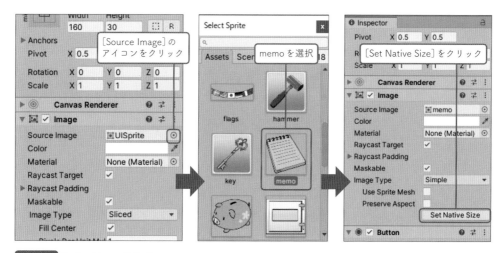

図 5-65 ButtonMemoを作成

ButtonMemoの位置を調整します。[Pos X]を-200、[Pos Y]を-400としてください 図 5-66 。

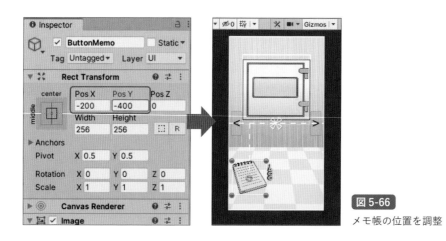

図 5-66
メモ帳の位置を調整

小さいので目立ちませんが、ButtonMemoには「Button」という文字が載っています。画像のボタンにテキストは不要なので、ヒエラルキーでButtonMemoの子のTextを右クリックし、[Delete]を選択して削除してください。

📝 メッセージのボタンを配置する

メッセージもボタンとして配置します。メッセージはユーザーインターフェースの一種なので、CanvasUIの子とします 図 5-67 。

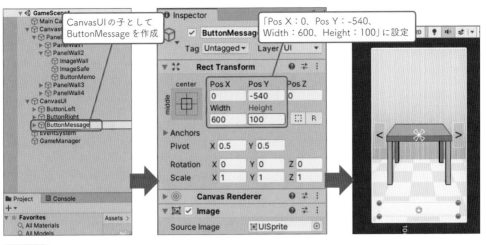

図 5-67 ButtonMessage を作成

こちらは背景色を設定し、子のテキストのフォントサイズを大きくします。ゲームのメッセージウィンドウらしい見た目にするために、OutLine コンポーネントも追加しておきます 図 5-68 。

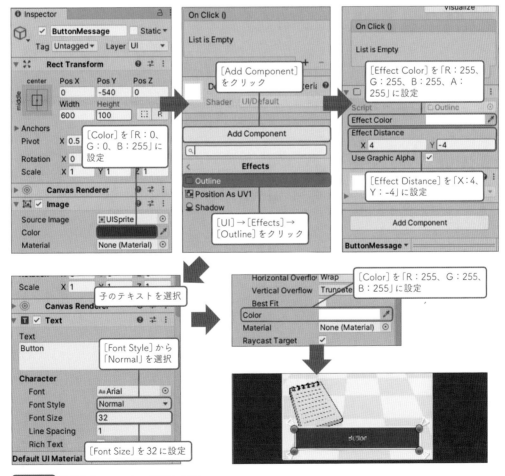

図 5-68 背景色とフォントの設定を変更

脱出ゲームをつくろう　Chapter 5

パブリック変数を宣言する

プログラムでメッセージを操作できるように、パブリック変数を用意しましょう。ButtonMessageとその子のテキストを登録するためのGameObject型のパブリック変数を宣言します。ButtonMemoはプログラムで操作しないのでパブリック変数は不要です コード 5-06 。

コード 5-06 GameManager.cs

```csharp
using UnityEngine;
using System.Collections;


using UnityEngine.UI;


public class GameManager : MonoBehaviour {

    //定数定義：壁方向
    public const int WALL_FRONT = 1;    //前
    public const int WALL_RIGHT = 2;    //右
    public const int WALL_BACK  = 3;    //後
    public const int WALL_LEFT  = 4;    //左


    public GameObject panelWalls;       //壁全体


    public GameObject buttonMessage;      //ボタン：メッセージ
    public GameObject buttonMessageText;//メッセージテキスト


    private int wallNo;                  //現在の向いている方向
    ……後略……
```

ヒエラルキーでGameManagerを選択し、ButtonMessageとその子のTextをインスペクターの変数に登録します 図 5-69 。

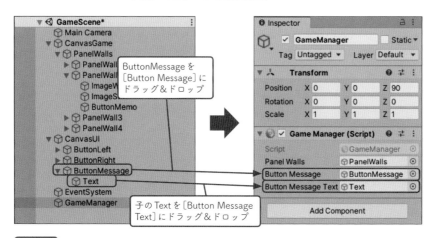

図 5-69 ゲームオブジェクトを登録

● プログラムでメッセージを表示する

メッセージを表示するメソッドを追加しましょう。Updateメソッドの後あたりにPushButtonMemoメソッドとPushButtonMessageメソッドを追加します コード5-07 。

コード5-07 GameManager.cs

```
……前略……
// Update is called once per frame
void Update () {


}

//メモをタップ
public void PushButtonMemo () {
    DisplayMessage ("エッフェル塔と書いてある。");
}

//メッセージをタップ
public void PushButtonMessage () {
    buttonMessage.SetActive (false);    //メッセージを消す
}
……後略……
```

　PushButtonMemoメソッドは、メッセージを表示するDisplayMessageメソッドを呼び出します。このメソッドは後で定義します。

　PushButtonMessageメソッドでは、SetActiveメソッドにfalseを渡してButton Messageゲームオブジェクトを非アクティブにします。これはMonoBehaviourクラスから継承したメソッドで、非アクティブになったゲームオブジェクトはすべてのコンポーネントの動作が停止し、画面上に表示されなくなります。

　DisplayMessageメソッドを定義します。これはDisplayWallメソッドの前あたりに書いておきましょう コード5-08 。

コード5-08 GameManager.cs

```
……前略……
    DisplayWall (); //壁表示更新

}

//メッセージを表示
void DisplayMessage(string mes){
    buttonMessage.SetActive (true);
```

```
        buttonMessageText.GetComponent<Text> ().text = mes;
    }

    //向いている方向の壁を表示
    void DisplayWall () {
    ……後略……
```

ButtonMessageゲームオブジェクトは非アクティブになっている可能性もあるので、最初にSetActiveメソッドにtrueを渡してアクティブにします。そしてGetComponentメソッド（P.91参照）でTextコンポーネントを取得し、メンバー変数のtextに引数mesを代入します。

◉ ボタンにメソッドを割り当てる

ButtonMemoとButtonMessageのOnClickイベントにメソッドを割り当てましょう 図5-70 図5-71 。やり方を忘れてしまった人はP.138を参照してください。

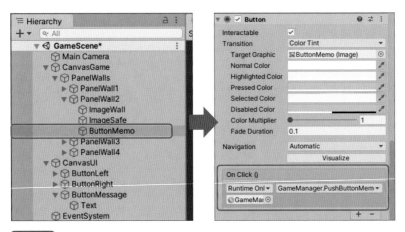

図 5-70 ButtonMemoに PushButtonMemoメソッドを割り当て

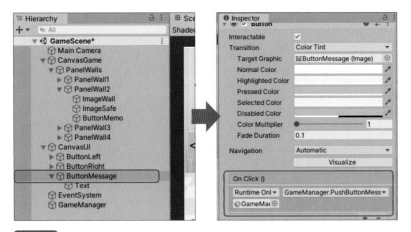

図 5-71 ButtonMessageに PushButtonMessageメソッドを割り当て

146

最後にButtonMessageを初期状態で非アクティブにします。インスペクターの一番上のチェックボックスのチェックを外すと、画面上から見えなくなります。このチェックボックスが、SetActiveメソッドに相当するわけです 図5-72 。

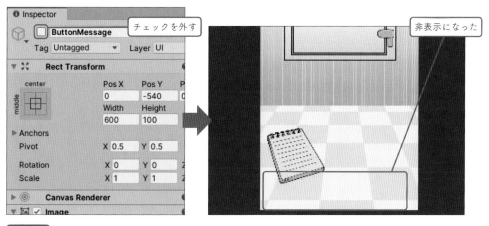

図 5-72 ButtonMessageに非アクティブにする

これでできあがりです。実行テストしてみましょう 図5-73 。

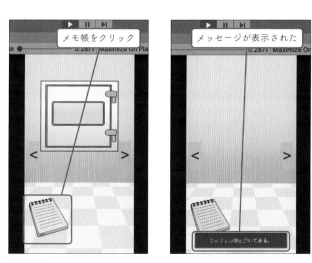
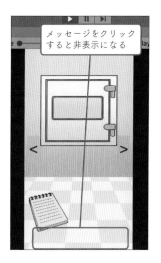

図 5-73 メモ帳の動作をテストする

❊ 非アクティブは非表示とは違う

SetActiveメソッドで非アクティブにしたゲームオブジェクトは、単に非表示になるだけではありません。
表示を担当するコンポーネントが停止するので、結果として表示されなくなるのです。
ゲームオブジェクトに自作のスクリプトを関連付けておいた場合はUpdateメソッドも呼び出されなくなるので、「画面に表示されないけれど情報は更新される」といった使い方をしたい場合は、別の方法で非表示にする必要があります。

金庫をつくる

金庫の見た目をつくる

金庫は一番複雑な仕掛けです。金庫には3つのボタン（兼ランプ）があり、クリックするたびに色が変化します。青白赤の順になるようにそろえると、金庫が開いてトンカチが手に入ります 図 5-74 。

図 5-74 色がそろうとトンカチが手に入る

ボタンやイメージを配置していきましょう。金庫のImageSafeの子としてButtonLamp1〜3を作成します。もうボタンの作成や画像の設定は大丈夫ですね？

わからないという人はP.141を参考にしてください。位置は［Pos Y］はすべて16に、［Pos X］はそれぞれ-120、-10、100と設定します 図 5-75 。子オブジェクトのテキストは削除してください。ボタンの1は緑、2は赤、3は青の画像を配置してください。

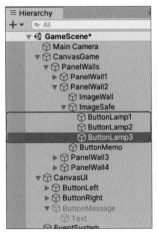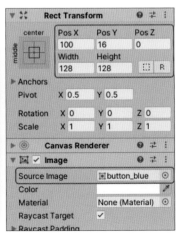

図 5-75 金庫のボタンを配置する

もう1つ、PanelWall2の子としてButtonHammerを作成します。これはトンカチを取ったときに大きく表示される画像です。押すと消えるようにしたいので、ボタンにします 図5-76 。子のテキストは削除してください。また、初期状態で非表示にするためにチェックを外して非アクティブにします。

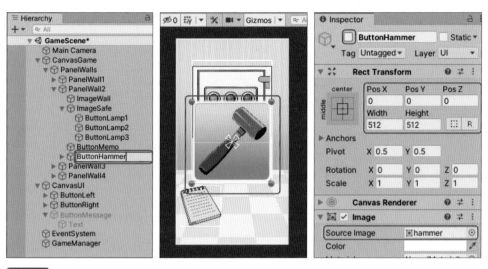

図 5-76 ButtonHammerを配置する

トンカチを取ったことがわかるよう、画面の右上に小さなアイコンを表示しましょう。CanvasUIの子としてImageHammerIconという名前でImageを作成します。ただし、最初の時点では未取得の状態で表示させたいので、emptyという空状態のアイコンを設定します。また、サイズは元の画像サイズそのままではなく［Width］［Height］ともに150という縮小サイズにします 図5-77 。

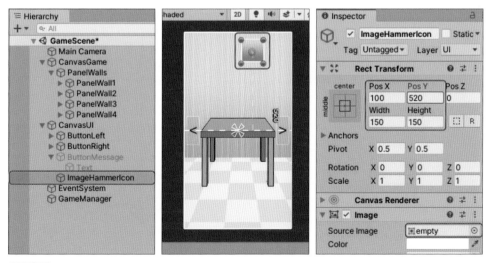

図 5-77 ImageHammerIconを配置する

パブリック変数を宣言する

スクリプトからゲームオブジェクトを操作しやすくするためにパブリック変数を追加しましょう。ちょっと数があるので見落とさないように気を付けてくださいね。

また、ボタンの色は定数として宣言しておきます。数値と色の対応を間違えると思い通りに動かなくなってしまうので、取り違えに注意しましょう コード 5-09 。

コード 5-09 GameManager.cs

```
using UnityEngine;
using System.Collections;

using UnityEngine.UI;

public class GameManager : MonoBehaviour {

    //定数定義：壁方向
    public const int WALL_FRONT = 1;      //前
    public const int WALL_RIGHT = 2;      //右
    public const int WALL_BACK  = 3;      //後
    public const int WALL_LEFT  = 4;      //左

    //定数定義：ボタンカラー
    public const int COLOR_GREEN = 0;     //緑
    public const int COLOR_RED   = 1;     //赤
    public const int COLOR_BLUE  = 2;     //青
    public const int COLOR_WHITE = 3;     //白

    public GameObject panelWalls;         //壁全体

    public GameObject buttonHammer;       //ボタン：トンカチ

    public GameObject imageHammerIcon;    //アイコン：トンカチ

    public GameObject buttonMessage;      //ボタン：メッセージ
    public GameObject buttonMessageText;  //メッセージテキスト

    public GameObject[] buttonLamp = new GameObject[3]; //ボタン：金庫

    public Sprite[] buttonPicture = new Sprite[4];      //ボタンの絵

    public Sprite hammerPicture;          //トンカチの絵

    private int wallNo;                   //現在の向いている方向
    ……後略……
```

Unityエディタで GameManager ゲームオブジェクトを選択し、インスペクター でゲームオブジェクトを割り当てていきます。こちらも間違えないよう気を付けま しょう 図5-78 。

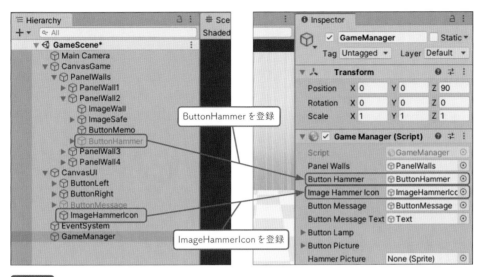

図 5-78 ゲームオブジェクトを割り当てる

buttonLamp は 3 つのボタンを管理するので、パブリックな配列変数（P.73参照） として宣言しています。この場合、インスペクター上では複数の Element（要素） を持つ設定項目になります。対応を間違えないよう割り当てましょう 図5-79 。

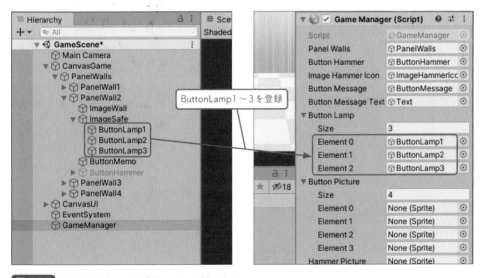

図 5-79 ボタンのゲームオブジェクトを割り当てる

最後に Sprite 型のパブリック変数に画像を割り当てます。Sprite 型の場合、［プ ロジェクト］ウィンドウに表示されているタイプが［Sprite（2D and UI）］の画像を 登録できます 図5-80 。

ボタンの画像は、先ほど定数として宣言したものと色と数値の関係が同じになるようにしてください。ここで間違えると「赤の数値を指定したのに青になる」といったわかりにくい問題が起きます。

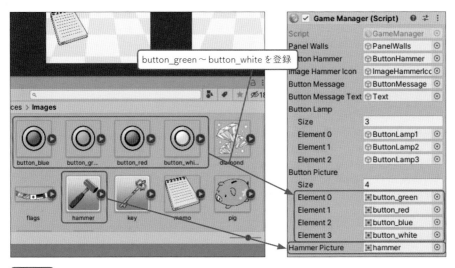

図5-80 4色のボタンの画像と、トンカチの画像を割り当てる

0が緑、1が赤、2が青、3が白ね

◯ フラグを用意する

　プログラム内でのゲームの進行を管理するメンバー変数を宣言します。1つは金庫のボタンの状態を記録する配列変数で、もう1つはトンカチを取得したかどうかを記録するためのフラグです。

　フラグという言葉はゲーム好きな人なら聞いたことがあるかもしれません。プログラムでは現在の状態がtrueかfalseかを記録する変数のことで、ゲームの場合は特にシナリオを先に進める条件となる変数を指します。

　フラグには一般的にbool型が使われますが、int型や、データをコンパクトに記録する必要がある場合は1つのビットで記録することもあります。

　今回宣言する変数doesHaveHammerはトンカチを持っているかどうかを記録するもので、ゲームスタート時点ではfalse、金庫を開いたらtrueになり、その後貯金箱を開く際に持っているかどうかがチェックされます コード 5-10 。

```
……前略……
public Sprite hammerPicture;                //トンカチの絵

private int wallNo;                         //現在の向いている方向
private bool doesHaveHammer;                //トンカチを持っているか?
private int[] buttonColor = new int[3];     //金庫のボタン

// Use this for initialization
void Start () {
    wallNo = WALL_FRONT;                    //スタート時点では「前」を向く
    doesHaveHammer = false;                 //トンカチは「持っていない」

    buttonColor [0] = COLOR_GREEN;          //ボタン1の色は「緑」
    buttonColor [1] = COLOR_RED;            //ボタン2の色は「赤」
    buttonColor [2] = COLOR_BLUE;           //ボタン3の色は「青」
}
……後略……
```

　Startメソッドでゲームスタート時点の状態にリセットします。doesHaveHammer
はfalseにしてトンカチを持っていないことにし、配列変数buttonColorには、イ
ンスペクターで設定したボタン画像（P.148参照）にあわせて緑、赤、青を表す定数
を代入しておきます。

　ちなみにbuttonColorに定数を代入しても、金庫のボタン画像が自動的に変わる
わけではありません。Unityエディタ上の設定と食い違いがないように設定してく
ださい。

ボタンの色を変えられるようにする

　金庫を空けられるようにするために、各ボタンをクリックすると色が変わるよう
にしましょう。Updateメソッドのあとあたりに次の4つのメソッドを追加します。

　PushButtonLamp1〜3は金庫のボタンのOnClickイベントと関連付けるための
メソッドです。どのボタンを押したときもやることは同じなので、実際の処理は
ChangeButtonColorメソッドにまとめ、どのボタンが押されたかは引数buttonNo
で渡すようにします コード 5-11 。

コード 5-11 GameManager.cs

```
……前略……
//金庫のボタン1をタップ
public void PushButtonLamp1 () {
    ChangeButtonColor (0);
}
```

脱出ゲームをつくろう

Chapter

5

```
//金庫のボタン2をタップ
public void PushButtonLamp2 () {
    ChangeButtonColor (1);
}


//金庫のボタン3をタップ
public void PushButtonLamp3 () {
    ChangeButtonColor (2);
}

//金庫のボタンの色を変更
void ChangeButtonColor (int buttonNo) {
    buttonColor [buttonNo]++;
    //「白」のときにボタンを押したら「緑」に
    if (buttonColor [buttonNo] > COLOR_WHITE) {
        buttonColor [buttonNo] = COLOR_GREEN;
    }
    //ボタンの画像を変更
    buttonLamp [buttonNo].GetComponent<Image> ().sprite =
        buttonPicture [buttonColor [buttonNo]];
}
```

　ChangeButtonColorメソッドでは、buttonColorに記録されたボタンの色を表す
値を1増やし、最大のCOLOR_WHITE（3）より大きくなったらCOLOR_GREEN（0）
に戻すようにしています。向きを変えるときの処理と似ていますね（P.136参照）。
　buttonColorの値を変えても画面には反映されません。金庫のボタンのゲームオ
ブジェクトのImageコンポーネントを取得し、メンバ変数spriteに対して該当する
色のボタン画像を設定します。配列変数が入れ子になっていてややこしいですが、
整理して考えるとそこまで複雑ではありません 図5-81 。

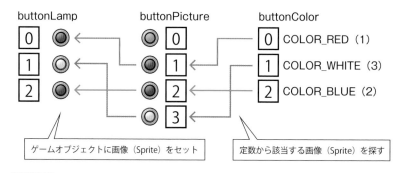

図 5-81 記録した数値をもとに適切な色のボタンを設定

　Unityエディタで3つのボタンのOnClickイベントにメソッドを割り当てます。対
応を間違えないよう気を付けてください 図5-82 。ボタンへのメソッド割り当ての方
法を忘れた方はP.138を参照してください。

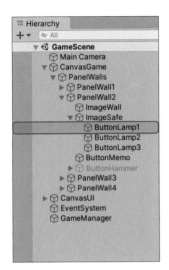
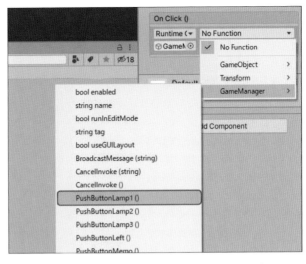

図 5-82 ButtonLamp1 に PushButtonLamp1 メソッドを割り当て（ボタン2、3も同様に設定）

　これで色を変える処理まではできあがりです。動作テストでボタンを押すと切り替わることを確認してください **図 5-83** 。

図 5-83 ボタンを押すたびに色が切り替わる

◻ 色があっていることを判定する

　色と順番を確認し、フランス国旗と同じ青白赤の順だったら、トンカチの絵を表示するようにします。ChangeButtonColorメソッドに次のように追加します **コード 5-12** 。

コード 5-12 GameManager.cs

```
//金庫のボタンの色を変更
void ChangeButtonColor (int buttonNo) {
    buttonColor [buttonNo]++;
    //「白」のときにボタンを押したら「緑」に
    if (buttonColor [buttonNo] > COLOR_WHITE) {
        buttonColor [buttonNo] - COLOR_GREEN;
    }
```

```
//ボタンの画像を変更
buttonLamp [buttonNo].GetComponent<Image> ().sprite =
    buttonPicture [buttonColor [buttonNo]];


//ボタンの色順をチェック
if ((buttonColor [0] == COLOR_BLUE) &&
    (buttonColor [1] == COLOR_WHITE) &&
    (buttonColor [2] == COLOR_RED)) {
    //まだトンカチを持っていない？
    if (doesHaveHammer == false) {
        DisplayMessage ("金庫の中にトンカチが入っていた。");
        buttonHammer.SetActive (true);   //トンカチの絵を表示
        imageHammerIcon.GetComponent<Image>().sprite = hammerPicture;

        doesHaveHammer = true;
    }
}
}
```

　ボタンの色と順番があっていることをif文でチェックします。条件が3つとも
trueになる必要があるので、&&演算子（P.60参照）ですべてが一致している場合に
trueになるようにします。

　条件がtrueなら、doesHaveHammerをチェックしてすでにトンカチを取得して
いないかを調べます。これで何度もトンカチを取得してしまうのを避けられます。

　まだ取得していない場合は、DisplayMessageメソッドでメッセージを表示し、
SetActiveメソッドでbuttonHammerを表示します。上のアイコンは画像を空の状
態からハンマーの画像に差し替えます。

　最後にdoesHaveHammerにtrueを代入して取得完了です。実行テストして正し
く動くことを確認しましょう 図5-84 。

図 5-84

トンカチが手に入った

トンカチのボタンが表示されたままにならないよう、非表示にするメソッドを追加しましょう コード5-13 。

コード5-13 GameManager.cs

```
……前略……
//メモをタップ
public void PushButtonMemo () {
    DisplayMessage ("エッフェル塔と書いてある。");
}

//トンカチの絵をタップ
public void PushButtonHammer () {
    buttonHammer.SetActive (false);
}

//メッセージをタップ
……後略……
```

　ButtonHammerにメソッドを割り当てます 図5-85 。ボタンへのメソッド割り当ての方法を忘れた方はP.138を参照してください。

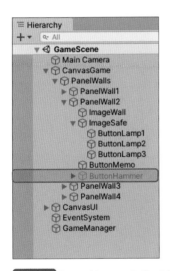
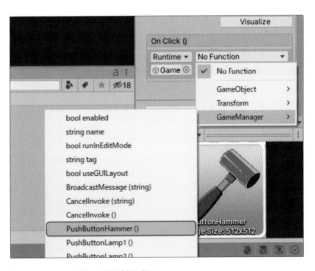

図5-85 ButtonHammerにPushButtonHammerメソッドを割り当て

これでこのゲームの山は越えたよ！
後は仕上げを残すのみ！

● ブタの貯金箱をつくる

貯金箱はこれまでやってきたことの応用です。貯金箱を押すと、壊れて中にある鍵が手に入ります。違いはフラグのdoesHaveHammerがtrueのときしか貯金箱を壊せないという点です。

◯ ボタンを配置する

ボタンやイメージを配置していきましょう。PanelWall3の子としてButtonPigを作成し、貯金箱の画像を設定します。[Pos X]は0、[Pos Y]は-240とします 図5-86 。子オブジェクトのテキストは削除してください。

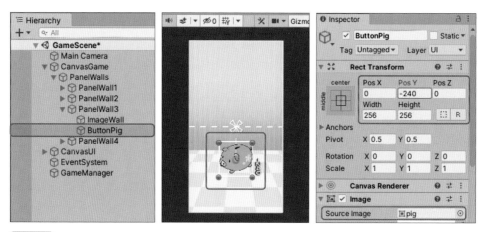

図5-86 ButtonPigを配置する

鍵を取ったときに表示されるButtonKeyを作成します。配置したらインスペクター上部のチェックボックスをオフにして非表示にしておきましょう 図5-87 。子オブジェクトのテキストは削除してください。

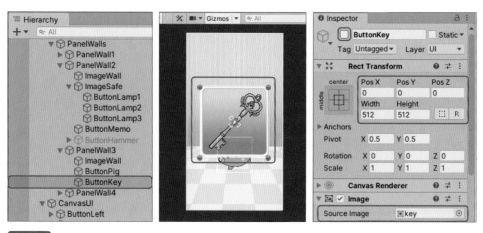

図5-87 ButtonKeyを配置する

CanvasUIの子としてImageKeyIconを作成します。割り当てる画像はemptyで、[Width] [Height] ともに150という縮小サイズにします 図5-88 。

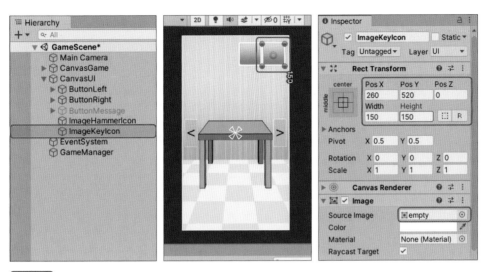

図 5-88 ImageKeyIconを配置する

パブリック変数を宣言する

鍵や貯金箱などのゲームオブジェクトを設定するためのパブリック変数を宣言します。鍵を取ったことを記録するために、フラグのdoesHaveKeyも用意しましょう コード 5-14 。

コード 5-14 GameManager.cs

```
using UnityEngine;
using System.Collections;

using UnityEngine.UI;

public class GameManager : MonoBehaviour {

    //定数定義：壁方向
    public const int WALL_FRONT = 1;      //前
    public const int WALL_RIGHT = 2;      //右
    public const int WALL_BACK  = 3;      //後
    public const int WALL_LEFT  = 4;      //左

    //定数定義：ボタンカラー
    public const int COLOR_GREEN = 0;     //緑
    public const int COLOR_RED   = 1;     //赤
    public const int COLOR_BLUE  = 2;     //青
    public const int COLOR_WHITE = 3;     //白
```

```
public GameObject panelWalls;              //壁全体

public GameObject buttonHammer;            //ボタン：トンカチ
public GameObject buttonKey;               //ボタン：鍵

public GameObject imageHammerIcon;         //アイコン：トンカチ
public GameObject imageKeyIcon;            //アイコン：鍵

public GameObject buttonPig;               //ボタン：ブタの貯金箱

public GameObject buttonMessage;           //ボタン：メッセージ
public GameObject buttonMessageText;       //メッセージテキスト

public GameObject[] buttonLamp = new GameObject[3];  //ボタン：金庫

public Sprite[] buttonPicture = new Sprite[4];       //ボタンの絵

public Sprite hammerPicture;               //トンカチの絵
public Sprite keyPicture;                  //鍵の絵

private int wallNo;                        //現在の向いている方向
private bool doesHaveHammer;               //トンカチを持っているか？
private bool doesHaveKey;                  //鍵を持っているか？
private int[] buttonColor = new int[3];    //金庫のボタン

// Use this for initialization
void Start () {
    wallNo = WALL_FRONT;                   //スタート時点では「前」を向く
    doesHaveHammer = false;                //トンカチは「持っていない」
    doesHaveKey = false;                   //鍵は「持っていない」

    buttonColor [0] = COLOR_GREEN;         //ボタン1の色は「緑」
    buttonColor [1] = COLOR_RED;           //ボタン1の色は「赤」
    buttonColor [2] = COLOR_BLUE;          //ボタン1の色は「青」
}
……後略……
```

　インスペクターでゲームオブジェクトを割り当てていきます。これまでと同じく取り違えには気を付けてくださいね 図5-88 。

160

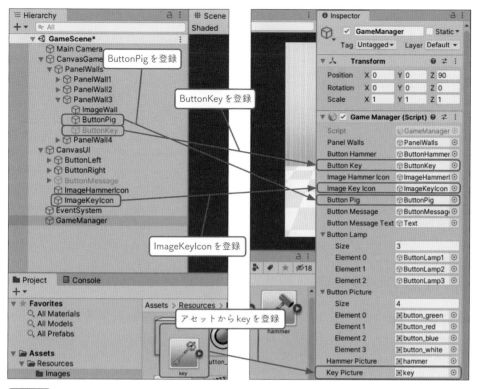

図 5-88 ゲームオブジェクトを割り当てる

　　貯金箱を押したときにトンカチを持っているかを確認し、鍵を取得するメソッド
を追加します。トンカチを持っていないときは「素手では割れない。」というメッセー
ジを表示し、持っているときは鍵の絵を表示して doesHaveKey に true を代入しま
す コード 5-15 。

コード 5-15 GameManager.cs

```
……前略……
//メモをタップ
public void PushButtonMemo () {
    DisplayMessage ("エッフェル塔と書いてある。");
}


//貯金箱をタップ
public void PushButtonPig () {
    //トンカチを持っているか？
    if (doesHaveHammer == false) {
        //トンカチを持っていない
        DisplayMessage ("素手では割れない。");
    } else {
        //トンカチを持っている
        DisplayMessage("貯金箱が割れて中から鍵が出てきた。");
```

```
            buttonPig.SetActive (false);        //貯金箱を消す
            buttonKey.SetActive (true);         //鍵の絵を表示
            imageKeyIcon.GetComponent<Image>().sprite = keyPicture;

            doesHaveKey = true;
        }
    }

    //トンカチの絵をタップ
    public void PushButtonHammer () {
        buttonHammer.SetActive (false);
    }

    //鍵の絵をタップ
    public void PushButtonKey (){
        buttonKey.SetActive (false);
    }
    ……後略……
```

取得後に表示する鍵の絵を非表示にするPushButtonKeyメソッドも追加します。

これで準備完了です。ButtonPigとButtonKeyのOnClickイベントにメソッドを割り当てましょう 図5-90 図5-91 。

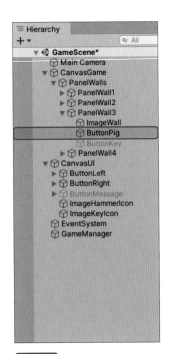
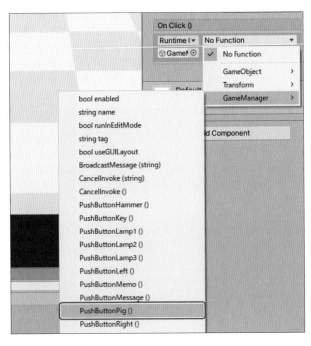

図 5-90 ButtonPigにPushButtonPigメソッドを割り当て

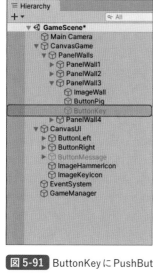
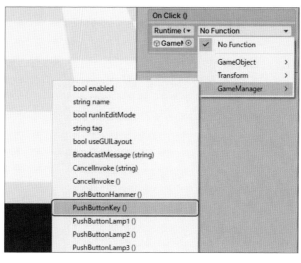

図 5-91 ButtonKey に PushButtonKey メソッドを割り当て

　　実行テストです 図5-92 。金庫を開けてトンカチを取得した後、貯金箱をタップしてみてください。鍵は取れましたか？

図 5-92
鍵が手に入った

✳ パブリック変数がインスペクターに反映されないときは？

スクリプトにパブリック変数を追加したあと、Unity エディタのインスペクターに切り替えても、なかなか反映されないときは次の点をチェックしてみてください。

・スクリプトを上書き保存していますか？　保存してない変更は反映されません
・[Console] ウィンドウにエラーが表示されていませんか？　スクリプトのどこかにエラーがある場合は止まってしまうので反映されません。
・どこにも問題がない場合は、単に時間がかかっているだけかもしれません。ちょっと待ってから目的のゲームオブジェクトを選択してみてください。

◯ 方向切り替え時に各種表示を消す

　鍵やメッセージはタップして消す仕様ですが、先に左右ボタンを押すとそのまま残ったままになってしまいます。うっかり消し忘れて左右ボタンを押したときにも自動的に消す機能を追加しましょう。

　ゲームに必須ではありませんが、ちょっとした気配りです。

　ClearButtonsメソッドを追加し、PushButtonRightメソッドとPushButtonLeftメソッドから呼び出すようにします コード 5-16 。

コード 5-16 GameManager.cs

```
……前略……
//右(>)ボタンを押した
public void PushButtonRight () {
    wallNo++;    //方向を1つ右に
    //「左」の1つ右は「前」
    if (wallNo > WALL_LEFT) {
        wallNo = WALL_FRONT;
    }
    DisplayWall (); //壁表示更新
    ClearButtons ();//いらない物を消す
}
//左(<)ボタンを押した
public void PushButtonLeft () {
    wallNo--;    //方向を1つ左に
    //「前」の1つ左は「左」
    if (wallNo < WALL_FRONT) {
        wallNo = WALL_LEFT;
    }
    DisplayWall (); //壁表示更新
    ClearButtons ();//いらない物を消す
}

//各種表示をクリア
void ClearButtons () {
    buttonHammer.SetActive (false);
    buttonKey.SetActive (false);
    buttonMessage.SetActive (false);
}
……後略……
```

● 鍵がかかった箱をつくる

いよいよ最後の仕掛けです。鍵を取ったあとで箱をタップすると開くようにしましょう。ゲームのクリア条件なので、クリア画面に移行します。

PanelWall1の子としてButtonBoxを作成し、箱の絵を割り当てて、子オブジェクトのテキストを削除します。

[Pos X]は0、[Pos Y]は130とします 図 5-93 。

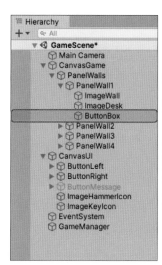 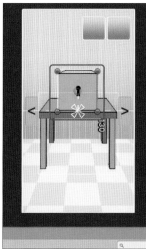 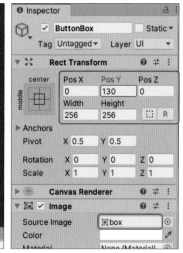

図 5-93 箱を配置する

別のシーンに移行するためにSceneManagerクラスを利用するので、UnityEngine.SceneManagementという名前空間を取り込んでおきます。これはタイトル画面からの移行でも使いましたね コード 5-17 。

コード 5-17 GameManager.cs

```
using UnityEngine;
using System.Collections;

using UnityEngine.UI;
using UnityEngine.SceneManagement;
```

箱をタップしたときに呼び出すPushButtonBoxメソッドを追加します コード 5-18 。

コード 5-18 GameManager.cs

```
……前略……
void Update () {
```

```
    }

    //ボックスをタップ
    public void PushButtonBox () {
        if (doesHaveKey == false) {
            //鍵を持っていない
            DisplayMessage ("鍵がかかっている。");
        } else {
            //鍵を持っている
            SceneManager.LoadScene ("ClearScene");
        }
    }
……後略……
```

　鍵を持っていないときは「鍵がかかっている。」というメッセージを表示し、鍵を持っているときはLoadSceneメソッドでClearSceneという名前のシーンを読み込みます。意外とあっさりしたものですね。

　メソッドを追加し終わったら、ButtonBoxゲームオブジェクトのOnClickイベントに割り当てます 図5-94 。

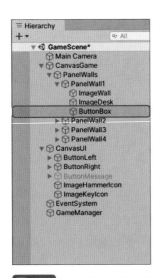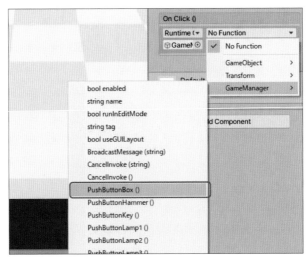

図 5-94 　ButtonBoxにPushButtonBoxメソッドを割り当て

　さぁ実行テストをしてみましょう。トンカチと鍵を取得してから箱をクリックしてください。ClearSceneが読み込めないというエラーメッセージが表示されますが、まだ作っていないのですからそれが正しい動きですね 図5-95 。

　これでゲームの本編は完成です！

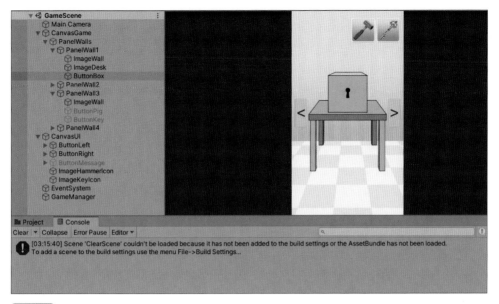

図 5-95 箱を開けるとエラーになる

❋ アスペクト比が間違っているとゲームを操作できなくなる

この Chapter の冒頭でスマートフォンの画面にあわせて「720 × 1280」というアスペクト比を設定しました（P.105参照）。単に見た目が変わるだけの設定のようですが、他の設定になっているとゲームを操作できないことがあります 図 5-96 。

Unity エディタのレイアウトを切り替えたときに初期設定の Free Aspect に戻ってしまうことがあるので、突然実行テストで操作できなくなったときは確認してみてください。

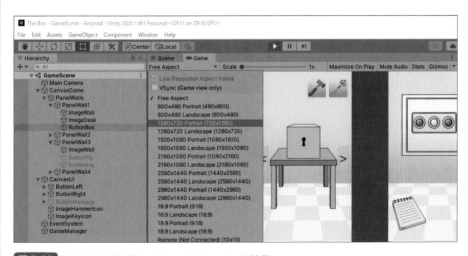

図 5-96 アスペクト比が Free Aspect になっている状態

4

ゲームクリア画面をつくろう

最後にゲームクリア時に表示される画面のシーンをつくりましょう。
やり方はタイトル画面とほぼ同じです。
ゲーム本編をつくりあげた皆さんならたぶんサクッとつくれるはずです。

● シーンをつくる

クリア画面をつくっていきましょう。復習も兼ねて少していねいに説明します。

まずは新しいシーンを作成し、ClearSceneという名前で保存します。ファイル
名を間違えると読み込めないので気をつけてください 図5-97 。

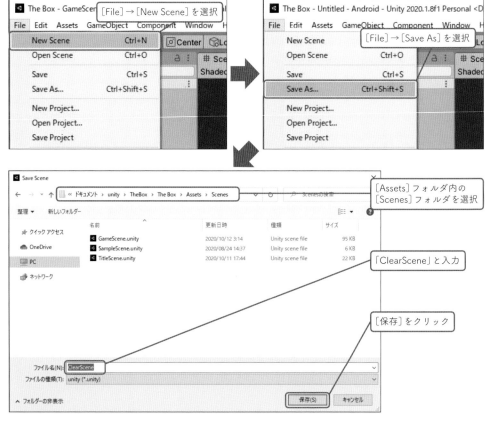

図5-97 ClearSceneの作成

● キャンバスをつくる

シーンができたらキャンバスを作成します。名前はCanvasClearとしましょう 図5-98 。

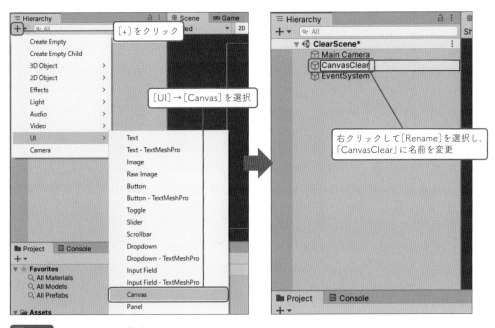

図 5-98 CanvasClear の作成

タイトル画面でつくったキャンバスと同様の設定を行って、画面に収まるサイズに調整します 図5-99 。

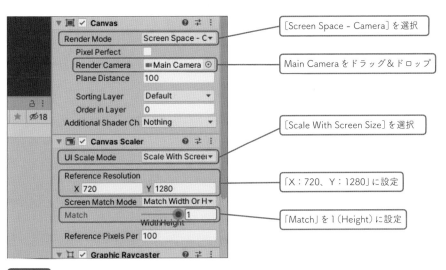

図 5-99 CanvasClear の設定

UIパーツを配置する

背景を塗りつぶすためのイメージ、「CLEAR!」というテキスト、箱から出てきた宝石のイメージを配置します。

背景のイメージを作成する

CanvasClearの子としてイメージを作成し、名前をImageBackとします図5-100。

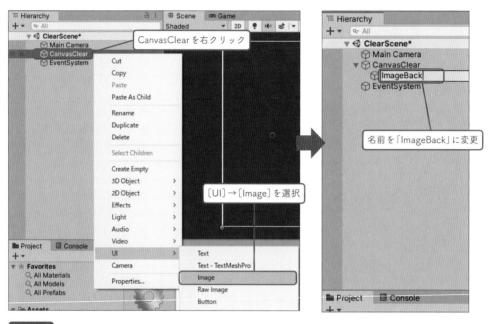

図5-100 ImageBackの作成

サイズを設定して画面いっぱいにします。色は初期設定の白のままですが、好みで変えてもかまいません図5-101。

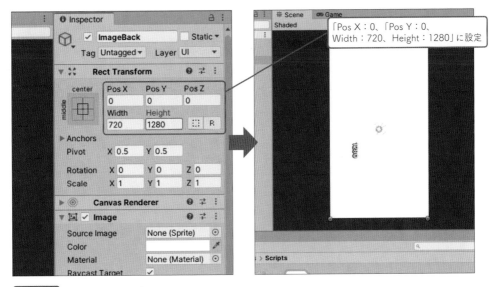

図 5-101 ImageBack の設定

宝石のイメージを作成する

イメージを作成し、名前を ImageDiamond とします 図5-102。

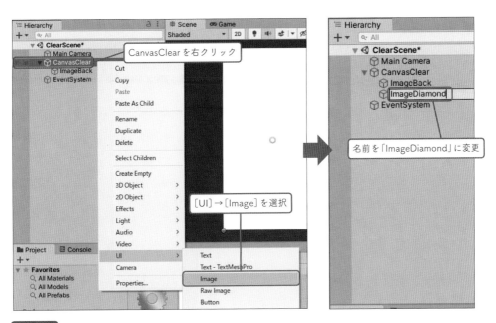

図 5-102 ImageDiamond の作成

サイズを設定して、diamond の画像を割り当てます 図5-103。

脱出ゲームをつくろう

Chapter

5

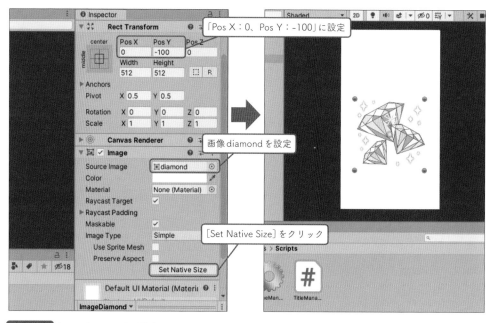

図 5-103 ImageDiamond の設定

テキストを作成する

テキストを作成し、名前を TextTitle とします 図 5-104 。

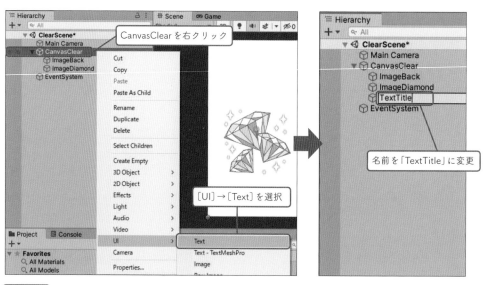

図 5-104 TextTitle の作成

サイズを設定します。大きめの文字を表示するので幅は横いっぱいです 図 5-105 。
そして「CLEAR!」という文字を入力します 図 5-106 。

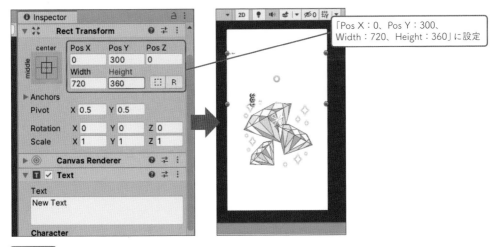

図 5-105 TextTitle の配置

「Pos X：0、Pos Y：300、Width：720、Height：360」に設定

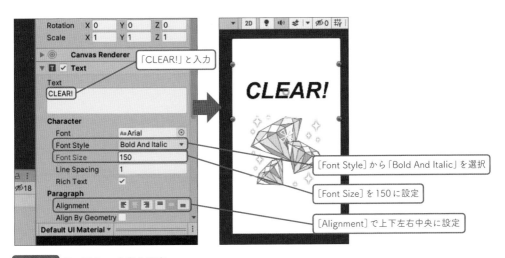

図 5-106 TextTitle の文字を設定

「CLEAR!」と入力

[Font Style] から「Bold And Italic」を選択

[Font Size] を150 に設定

[Alignment] で上下左右中央に設定

これでシーンが完成しました。［Ctrl］＋［S］キーを押して上書き保存しましょう。特に本文中に指示がなくても無意識に保存するようにしてください。

ビルド設定にシーンを追加する

シーンを読み込むにはビルド設定に登録する必要があります。［ファイル］メニューの［Build Settings］を選択し、［Build Settings］ダイアログボックスを表示します。

［プロジェクト］ウィンドウでClearSceneを表示し、［Scenes In Build］にドラッグ＆ドロップします 図 5-107。

脱出ゲームをつくろう Chapter 5

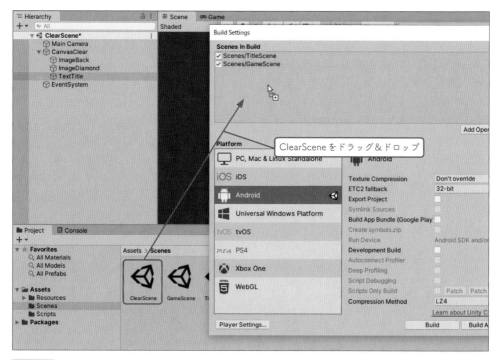

図 5-107 ビルド設定にシーンを追加

これで全作業終了です。シーンがTitle、Game、Clearの順番どおりに登録され
ていることを確認し、ダイアログボックスを閉じてください 図 5-108 。

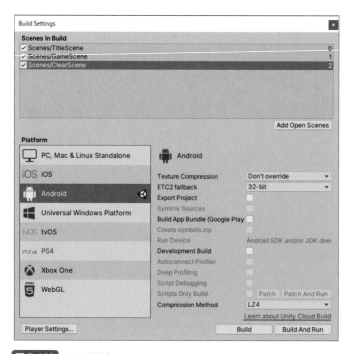

図 5-108 ビルド設定

最初から実行テストしてみましょう。TitleSceneを開いてプレイボタンをクリックします図5-109。

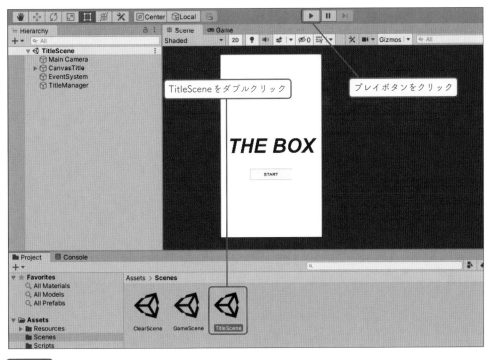

図5-109 TitleSceneを開く

すべての作業が正しく済んでいれば、タイトル画面からゲーム本編に進み、謎を解くとクリア画面が表示されるはずです図5-110。

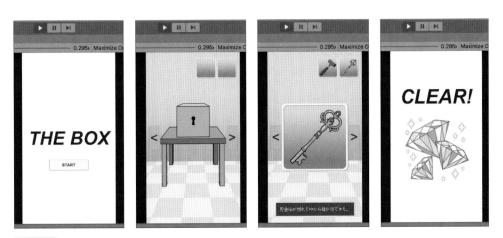

図5-110 ゲームをテストする

◯ Unity の作法を身に付けよう

ちょっと長い作業でしたね。皆さんお疲れ様でした。

意外とプログラムを書くことよりも、Unity エディタ上で UI パーツをいじっていることのほうが多かったですね。

でも、これなら脱出ゲームのステージを自作するのも簡単だと思いませんか？

他の開発環境でゲームをつくる場合、ステージ設計をプログラム上の数値指定で行ったり、ステージ編集用のエディタを自作する必要が出てきたりすることもあります。画面設計用のエディタが一体化している Unity では、プログラミングと並行してゲームデザインを進めていくことができるのです。

この Chapter ではいろいろなことを説明したのでちょっと整理しておきましょう。

● UI パーツの使い方
- まずキャンバスを配置する
- キャンバスの子として UI パーツを配置する
- RectTransform コンポーネントで位置やサイズを設定する

● ボタンの使い方
- Unity エディタでボタンを配置する
- メソッドを書く
- ボタンの OnClick イベントに割り当てる

● パブリック変数でスクリプトとゲームオブジェクトを連携させる
- public 修飾子付きのメンバー変数を宣言する
- Unity エディタでスクリプトを割り当てたゲームオブジェクトを選択する
- インスペクターにゲームオブジェクトやスプライトをドラッグ＆ドロップする

今後も何度も出てくるので、手順を理解しておいてください。

さぁ、次はリアルタイム性のあるアクションパズルゲームです。ちょっとひと休みして充電したら、気合いを入れ直して頑張りましょう！

ブタの貯金箱を割ったあとはちゃんと割れた絵が表示されるようにしたり、金庫を開けたあとは金庫が開いてる絵に差し替えるようにするとゲームのクオリティが1段上がるぞ。ぜひ改造に挑戦してみよう！

Chapter 6

物理パズルゲームを
つくろう

❀ 6-1 物理パズルゲームと物理エンジン ・・・・・・・・・・・・・・・・・・・・・・・・・・・・・・ 178

❀ 6-2 物理エンジンでボールを動かそう ・・・・・・・・・・・・・・・・・・・・・・・・・・・・・・ 185

❀ 6-3 ボールの動きをコントロールする ・・・・・・・・・・・・・・・・・・・・・・・・・・・・・・ 199

❀ 6-4 壁とゴールをつくろう ・・ 212

❀ 6-5 ステージクリアを演出しよう ・・・・・・・・・・・・・・・・・・・・・・・・・・・・・・・・・・・ 222

❀ 6-6 ステージを増やそう ・・・ 237

❀ 6-7 ステージセレクト画面をつくろう ・・・・・・・・・・・・・・・・・・・・・・・・・・・・・ 245

1

物理パズルゲームと物理エンジン

このChapterでは「物理パズルゲーム」をつくっていきます。
物理パズルゲームでは「物理エンジン」を使うので、
まずは「物理エンジンって何なの？」というところから説明していきましょう。

● 物理パズルゲームってどんなゲーム？

🖥 物理エンジンの仕事

このChapterでは物理パズルゲームを作成します。脱出パズルと違ってどんなゲームかよくわからないという人もいそうですね。物理パズルゲームというのは、物理現象をシミュレートする物理エンジンというプログラムを使ってつくられたパズルゲームのことです。

いくつか例を挙げると、本書のサンプルゲームを担当している、いたのくまんぼうさんの「a[Q]ua」や、映画にもなった「Angry Birds」、ペンで壁を描いて謎を解く「Brain Dots」などが物理パズルゲームです。LINEで人気の「ツムツム」も物理パズルゲームの一種ですね 図6-01 。

図6-01
物理パズルゲームの例。
a[Q]ua（左上）、Angry Birds2（右上）、
Brain Dots（左下）

現実世界に生きる私たちは、重力に引かれて落下したり、物にぶつかって跳ね返

されたりといった物理法則の影響を受けています。物理エンジンは、それらを計算によってコンピューター内で再現します。つまり、ゲーム内に登場する物体に「位置」「質量」「形」「大きさ」「力」といった情報を設定すると、物体同士の関係をリアルタイムで計算して、それぞれの物体が次にどこに移動するかをリアルタイムで割り出します。簡単にいうとリアルな動きを演出してくれるのです 図6-02 。

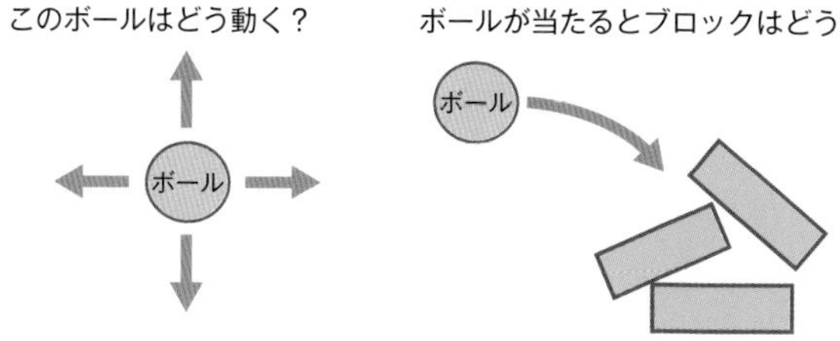

このボールはどう動く？　　　ボールが当たるとブロックはどう動く？

図6-02 物理エンジンがやってくれること

「次の位置」を計算してくれるのが物理エンジンなんだね

　「物理」と聞くと難しそうに感じますが、ほとんどのことは自動的にやってくれるので、プログラミング自体はものすごく難しいということはありません。
　とにかく大事なのは、物理エンジンに何を渡すとどういう結果が出るのかという特性を理解することです。

🔵 物理パズルゲームはアイデア次第

　物理エンジンは、本来はカーレースのようなアクションゲームのためにつくられたものだと思いますが、あるとき誰かが「物理エンジンで物を動かすと予想もしない動きになる」「これってパズルにすると面白いね」と思いついたのでしょう。
　ピンボールなどのアーケードゲームや、ピタゴラスイッチのようなカラクリ仕掛けもアイデアのきっかけになったのかもしれません。いずれにしてもリアルな動きの面白さは、物理パズルゲームの最大の魅力です。
　とはいえ、物理パズルゲームの特徴はそれだけではありません。
　先ほど例として挙げた物理パズルゲームは、いずれも「重力で落下する」「ぶつかると跳ね返る」「床の上を転がる」といった共通点はありますが、実際にプレイしてみるとゲーム性はそれぞれまったく違うことに気が付くでしょう。このように物理パズルゲームは、アイデア次第でいくらでも新しいものを産み出すことができます。また、誰もが日常で体験する動きがベースなので、ルール説明が最低限で済むというメリットもあります。個人でもチャレンジしやすく、大ヒット作を産み出す可能性があるジャンルなのです。

◯ THE BALL

　今回もまずどんなゲームをつくるのかを先に説明しましょう。タイトルのとおり画面上にボールが表示され、GOボタンを押すと重力に引かれて落下します。ボールを黄色のゴールエリアに入れるとステージクリアとなるのですが、途中には障害物のブロックがあり、ボールがゴールにたどりつくのをジャマします 図 6-03 。

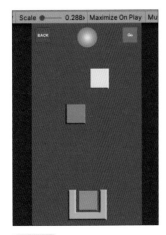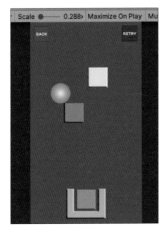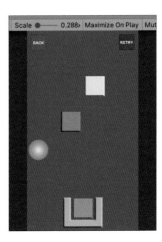

図 6-03 　ボールが障害物に当たってゴールに届かない

　グレーのブロックは動かせませんが、白いブロックは動かせます。白いブロックをボールを跳ね返すのにちょうどいい位置に移動してゴールまで導きます 図 6-04 。

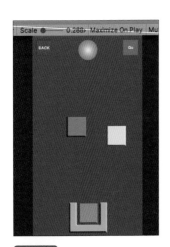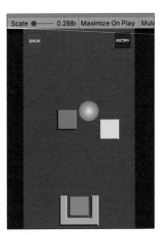

図 6-04 　白いブロックをうまい位置に移動すると、ボールが跳ね返ってゴールに入る

　THE BALLにはステージセレクト画面があり、ステージをクリアするとアンロックされて次に進むことができます。ステージそれぞれは1つのシーンファイルになるので、Unityエディタで新ステージを簡単に追加できます 図 6-05 。

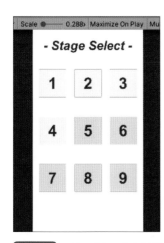 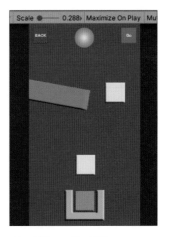 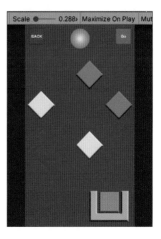

図 6-05 ステージセレクト画面とステージ2、ステージ3

プロジェクトを用意しよう

新規プロジェクトの作成

それではゲーム作成を始めましょう。Chapter5 と同様に次の作業を行います。

- プロジェクトの作成
- ビルド対象をスマートフォンに変更
- 画面サイズをスマートフォンの縦画面にあわせる
- アセットを格納するフォルダを作成
- 画像とサウンドファイルの用意

Unity Hub でプロジェクトの［新規］をクリックし、「The Ball」という名前の2D用プロジェクトを作成します 図 6-06 。

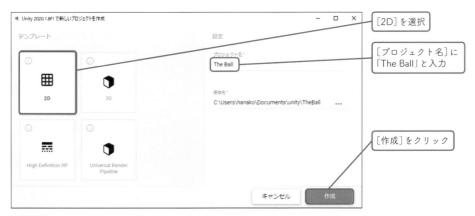

図 6-06 プロジェクトを作成

［File］メニューの［Build Settings］を選択し、ビルド対象をAndroidに切り替えます。そして、［Game］ビューで［1280x720 Portrait(720x1280)］を選択します 図6-07 。

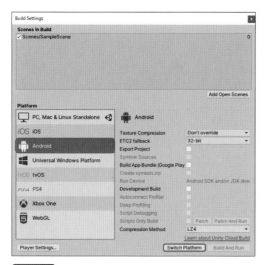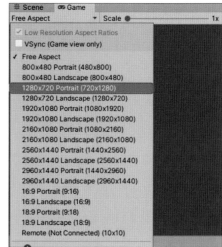

図6-07 ビルド対象をAndroidに切り替え、画面サイズを720×1280に変更

［Project］ウィンドウで［Assets］フォルダ内に、「Prefabs」「Resources」「Scripts」の3つのフォルダを作成し、［Resources］フォルダ内に「Images」と「Sounds」の2つのフォルダを作成します 図6-08 。

［Prefabs］フォルダにはゲームオブジェクトのプレハブを保存します。

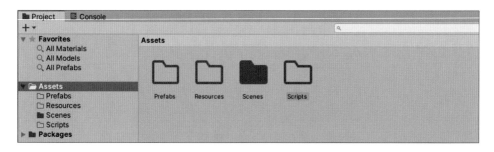

図6-08 ［Assets］フォルダ内にフォルダを作成

🔲 画像のインポート

ゲームで使う画像類を先にプロジェクトにインポートしておきましょう 図6-09 。ダウンロードサンプルファイル（P.6参照）の[Chapter6]フォルダの[Images]フォルダに使用する画像ファイルがまとめられています。インポートしたら[Generate Mip Maps]がオフになっているかなどを確認しましょう（P.83参照）

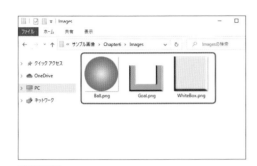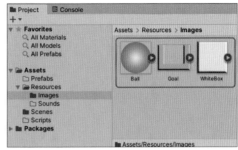

図 6-09 画像ファイルを[Images]フォルダにドラッグ＆ドロップ

🔲 オーディオファイルのインポート

今回のゲームでは効果音を再生するので、オーディオファイルを用意しておきましょう。UnityはMP3、Ogg Vorbis、WAV、AIFFといったメジャーなファイル形式に対応しています。

今回はオーディオファイルのフリー素材を公開している「効果音ラボ」さんからMP3ファイル（「決定、ボタン押下4」）をダウンロードし、ステージクリア時の効果音として使うことにしました 図6-10 。

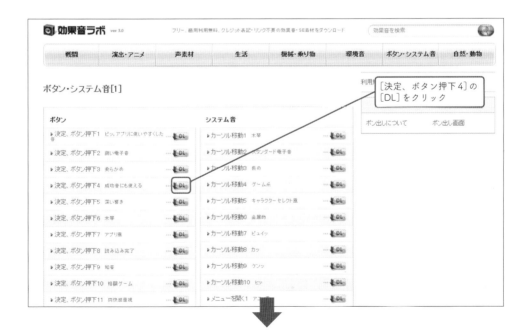

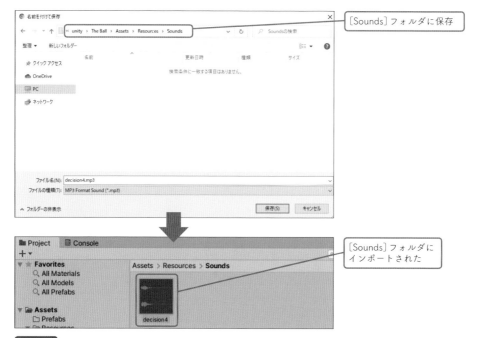

図 6-10 効果音ラボからボタン用サウンドをダウンロード（https://soundeffect-lab.info/sound/button/）
※ダウンロード提供のプロジェクトデータには本ファイルは同梱していません。

[Project] ウィンドウでサウンドファイルを選択すると、インスペクターにその情報が表示されます。下に表示されるプレビューウィンドウでテスト再生してみましょう 図 6-11 。

図 6-11
インスペクターでサウンドをテスト再生

2 物理エンジンで ボールを動かそう

THE BALLの主役である「ボール」を使って、物理エンジンの使い方を
マスターしましょう。コンポーネントをいくつか追加するだけで
物理エンジンが働き、重力の影響でボールが動き出します。

● ボールを配置して物理エンジンを有効にする

PuzzleScene1の作成

THE BALLでは1つのステージが1つのシーンファイルになります。

まずはステージ1になるPuzzleScene1から作成していきましょう。

プロジェクトの作成時にデフォルトのSampleSceneが作られているので、
PuzzleScene1にリネームしてください 図6-12 。

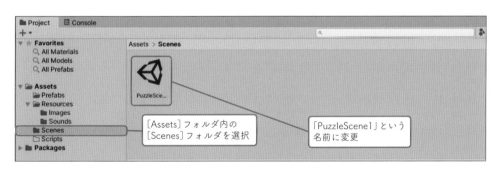

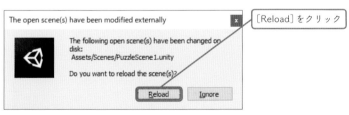

図6-12 PuzzleScene1にリネーム

ボールのスプライトを追加する

ボールを追加しましょう。[Project]ウィンドウから画像の「Ball」をヒエラルキー
にドラッグ＆ドロップすると、SpriteRendererコンポーネントを持つゲームオブ

ジェクトが作成されます。ボールのスタート地点に来るよう設定します 図6-13 。

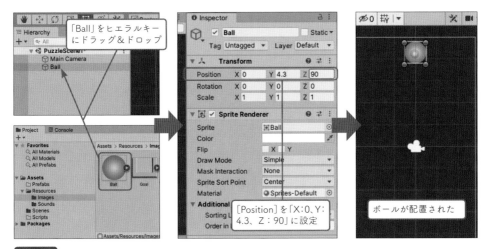

図6-13 ボールの配置

Chapter5ではUnityUIばかり使っていたのでピクセル単位での指定に慣れてしまったかもしれませんが、キャンバス外でのゲームオブジェクトの配置では、単位のない座標系が使われます。ここではYに「4.3」を指定し、画面の上端付近に置きます。

❋ Unity の座標系と単位

Unityの座標の設定には特に単位が書かれていませんが、まったく基準がないわけではありません。Unityの物理エンジンでは「1」を「1メートル」として扱います。物理シミュレーションでは、1メートルの物体と1センチの物体では動き方が変わってくるからです。

また、2Dでは「1」を「100ピクセル」として扱うのが基本ですが、この設定はスプライト画像の[Pixel Per Unit]で決まります 図6-14 。この設定が画像ごとにバラバラだと画像の表示サイズもバラバラになってしまいます。

表示サイズにはカメラの設定（P.140）も影響するのですが、本書のサンプルでは2D用のデフォルト設定のままで使用しています。

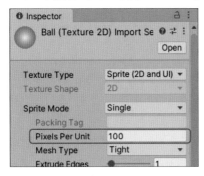

図6-14
スプライト画像の設定をインスペクターで確認

📱 Rigidbody2Dコンポーネントを追加する

このボールに対して物理エンジンを有効にしてみましょう。インスペクターで Rigidbody2D（リジッドボディ・ツーディー）というコンポーネントを追加します。 このコンポーネントは Physics2D（フィジックス・ツーディー）というカテゴリの 中にあります。このように二次元用の物理エンジンに関するものにはすべて「2D」 が付きます 図6-15 。

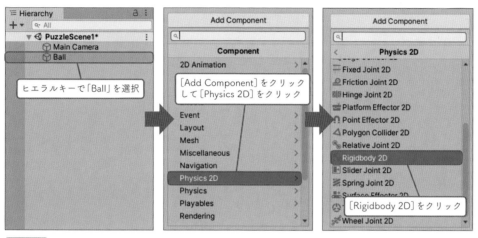

図6-15 Rigidbody2D コンポーネントの追加

Rigidbodyとは英語で剛体（ごうたい）という意味です。聞き慣れない言葉ですが、 いくら強い力を掛けても形が変わらない物体を指します。現実の世界にはそんな物 体はありませんが、ゲーム用の物理エンジンではリアルタイムで処理できるよう計 算を単純にするために剛体力学が使われているのです 図6-16 。

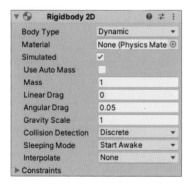

図6-16
Rigidbody2D コンポーネント

コンポーネントの各設定については後で説明するので、まずは試してみましょう。 プレイモードに切り替えて実行テストしてください 図6-17 。

物理パズルゲームをつくろう

Chapter

6

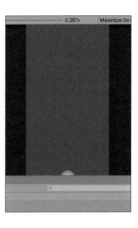

図 6-17 重力の影響でボールが落下する

　ボールにはすでに物理エンジンによってコントロールされており、重力に引かれて落下します。ゲーム画面には他に何もありませんが、もし何かがあれば、ぶつかったら跳ね返るでしょう。たった1つのコンポーネントでここまでできてしまうのが、Unityの便利なところです。

● Rigidbody2D コンポーネントのプロパティ

　Rigidbody2D コンポーネントには、ゲームオブジェクトの物理的な特性を設定するためのプロパティ（インスペクターの設定項目のほうです）があります 表6-01 。THE BALL ではほとんどデフォルトのままで使いますが、他のゲームを作るときのために説明しておきましょう。

プロパティ	説明
Use Auto Mass	オンにするとコライダーの形状から質量を自動的に検出する
Mass	［Use Auto Mass］をオフにしているときはここに密度を指定する
Linear Drag	移動の減衰値
Angular Drag	回転動作の減衰値
Gravity Scale	重力の影響度合い。1より小さくすると無重力状態を表現できる
Body Type	ゲームオブジェクトの動き方を指定する
Interpolate	スムージングの設定。処理の重さなどが原因で動きがぎこちなくなるときに利用する
Sleeping Mode	プロセッサー負荷を抑えるためのオブジェクトのスリープ方法
Collision Detection	他のオブジェクトとの衝突検知の方法
Constraints	リジッドボディのモーション（移動／回転）制限

表 6-01 Rigidbody2D コンポーネントのプロパティ

わかりにくいものも多いので、重要なものを中心に説明していきましょう。

⬛ Mass――質量

Massはゲームオブジェクトの質量を決める設定です。コライダー（判定領域）のサイズから自動的に求めるか（P.196参照）、数値を指定します。質量の大きな物体は動かすのに大きな力が必要となり、いったん動き出すと止めるのにも大きな力が必要になります。

⬛ Linear Drag ／ Angular Drag――減衰値

Linear Dragは移動の減衰値、Angular Dragは回転の減衰値です。これらの値を大きくすると、移動速度や回転速度が徐々に減衰します。ねばりけのある液体の中を動くような表現に使えます。

⬛ Body Type――動き方の設定

Body Typeは、ゲームオブジェクトの動き方を決める設定です。Body Typeには「Dynamic」「Kinematic」「Static」という3つの選択肢があります。「Dynamic」を選択すると、ゲームオブジェクトは物理エンジンの影響を受け、重力や衝突によって動きます。「Static」を選択すると、ゲームオブジェクトは静止します。

「Kinematic」を選択すると、物理エンジンの影響が無効化され、重力や衝突によって動かなくなります。Unityでは物理的な動きが必要ないゲームでもRigidbody2Dを利用するのですが、その場合は「Kinematic」を選択し、キャラクターの座標を書き換えて動かします。物理的な動きが無効でも、Rigidbody2Dは衝突判定などで役立ちます。

⬛ Gravity Scale――重力の影響度

Gravity Scaleは重力がゲームオブジェクトに与える影響を表します。初期値の1では地球上の重力と同じように影響します。1より小さくすると重力が小さい宇宙空間のようになります。

⬛ Sleeping Mode――スリープ設定

物理エンジンが動かすゲームオブジェクトが増えてくると、すべてのゲームオブジェクトを移動させる処理量が膨大なものになってきます。処理を軽減させるために、Unityは動いていないオブジェクトをスリープ状態にします。

「Never Sleep（スリープを無効にする）」「Start Awake（起動時は起きた状態だが、動かなければスリープする）」「Start Asleep（初期状態でスリープしており、衝突によりスリープ解除される）」の3つの選択肢があり、初期設定は「Start Awake」です。Never Sleepは負荷が高まりやすいので、可能な限り避けるべきとされています。衝突すればスリープは解除されるので、たいていのゲームでは「Start Awake」で問題ないはずです。

◎ Constraints——移動・回転制限

[Constraints]には[Freeze Position]と[Freeze Roation]の2つの項目があります。[Freeze Position]の[X]か[Y]をオンにすると、そのゲームオブジェクトは縦か横のどちらかにしか移動しなくなります。[Freeze Rotation]の[Z]をオンにすると、そのゲームオブジェクトは移動しても回転しなくなります。

これら全部を今すぐ理解する必要はありません。こういう設定があるということを頭の片隅に置いておけば、ちょっと変わった動きのゲームを作りたいなと思ったときに役立つはずです。

● ボールをプレハブ化する

ボールのゲームオブジェクトをプレハブ化しましょう。プレハブ化については Chapter4で説明しましたね。ゲームオブジェクトのひな形を登録しておき、簡単に量産できるようにする機能です。このゲームでボールは1つしか登場しませんが、ボールが画面外に出たらゲームオブジェクトを削除し、プレハブをもとに新規作成します。そのためにプレハブ化が必要なのです。

[Project]ウィンドウに[Prefabs]フォルダを表示し、ヒエラルキー上のBallゲームオブジェクトをドラッグ＆ドロップしてください。これでBallプレハブが登録され、シーン上にあるものはプレハブのインスタンスになります 図 6-18 。

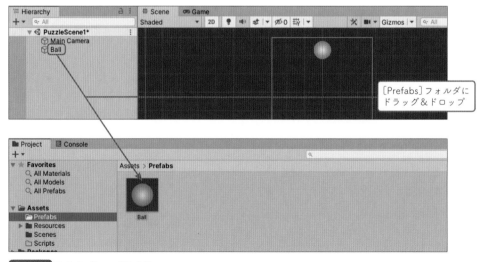

図 6-18 Ball をプレハブ化する

● ボールが画面外に出たことをチェックする

◎ 判定用のゲームオブジェクトを配置する

重力に引かれたボールは画面外に消えていきます。[Game] ビューでは画面外は表示できませんが、その後はどうなるのでしょう？　止める物が何もありませんから、もちろん無限に落ちていくだけです。今回はボールが画面から飛び出した場合はクリア失敗と見なし、開始地点からやり直しとなります。そのために画面外に出たことを判定する仕組みが必要です。

判定方法はいろいろとあるのですが、今回はコライダー (Collider) を利用します。これはゲームオブジェクトの衝突を判定する機能です (collide は衝突するという意味です)。画面の外に衝突判定用のゲームオブジェクトを置いておき、それと衝突させます。

まずはそのゲームオブジェクトを作成しましょう。上下左右に4つが必要なので、管理しやすくするために OutFrame という空のゲームオブジェクトの子にします 図6-19 。OutFrame の Position が [0, 0, 0] になっていることを確認してください。

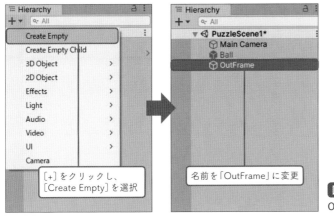

図 6-19
OutFrame ゲームオブジェクトの作成

[Images] フォルダから「WhiteBox」という画像を OutFrame にドラッグ＆ドロップします。OutFrame の子になるので、名前を OutArea に変更します 図6-20 。

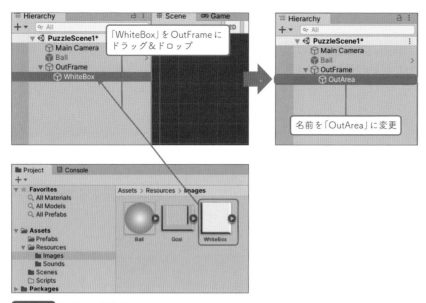

図 6-20　OutAreaを作成

　WhiteBoxはもともと壁にするための画像ですが、ここでは手早く設定するために使っています。色と位置、サイズを設定します 図 6-21 。

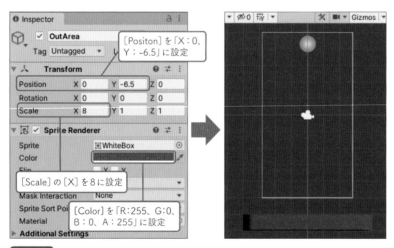

図 6-21　下の壁を作成

🖳 BoxCollider2Dコンポーネントの追加

　OutAreaにコライダーを設定します。コライダーのコンポーネントには「Box（四角形）」「Circle（円形）」「Edge（辺）」「Polygon（多角形）」の4種類があり、OutAreaは四角形なのでBoxCollider2Dコンポーネントを追加します 図 6-22 。

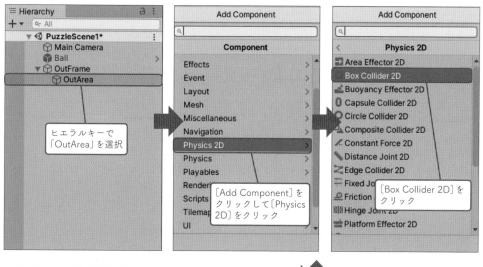

ヒエラルキーで
「OutArea」を選択

[Add Component] を
クリックして [Physics
2D] をクリック

[Box Collider 2D] を
クリック

☑ Box Collider 2D	❷ ⇄ ⋮
Edit Collider	⚙
Material	None (Physics Mate ⊙
Is Trigger	☐
Used By Effector	☐
Used By Composite	☐
Auto Tiling	☐
Offset	
X 0	Y 0
Size	
X 1	Y 1
Edge Radius	0
▸ Info	

図 6-22
BoxCollider2D コンポーネントの追加

コライダーを設定するとゲームオブジェクトの周囲に、判定領域を表す緑の枠が付きます。初期状態ではゲームオブジェクトと同じ形になりますが、大きくしたり小さくしたりすることもできます 図6-23 。

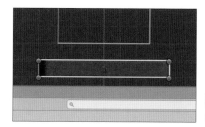

図 6-23
判定領域

◻ CircleCollider2D コンポーネントの追加

続いてボールにもコライダーを追加します。円形なのでCircleCollider2Dコンポーネントを使用します 図6-24 。 Ballオブジェクトはプレハブ化しているので、ヒエラルキーのBallオブジェクトではなく、その元になるプレハブのほうを編集します。

物理パズルゲームをつくろう　Chapter 6

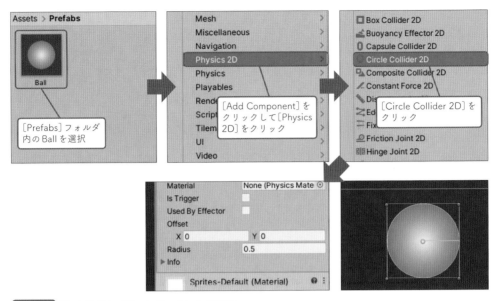

図 6-24 CircleCollider2D コンポーネントの追加

　これでコライダーが有効になりました。プレイモードに切り替えて試してみましょう。ボールが画面外に出るところまでは同じですが、プレイモードのまま[Scene]ビューに切り替えてみてください。ボールがOutAreaの上で止まっていることが確認できます 図6-25 。もしコライダーが設定されていなければ、ボールはOutAreaをすり抜けて落ちていきます。

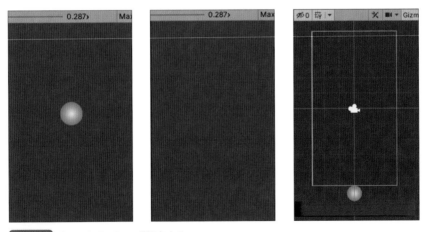

図 6-25 ボールと OutArea が衝突する

◻ OutAreaを複製する

OutAreaを複製し、上・左・右の壁をつくりましょう。ゲームオブジェクトを複製するときは、右クリックして [Duplicate] を選ぶのでしたね。それぞれの位置は上側が「X：0、Y：6.5」、左側が「X：-4.5、Y：0」、右側が「X：4.5、Y：0」です。また、左右のOutAreaは [Scale] を「X：1、Y：14」にします 図6-26 。

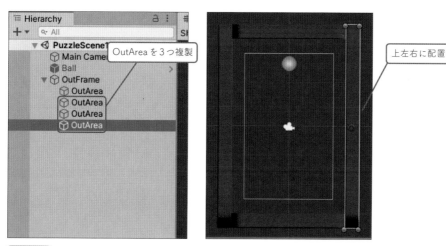

図6-26 3つのOutAreaを追加

ゲームオブジェクトを複製すると、OutArea(1)、OutArea(2)のような連番付きの名前になります。ここではすべてOutAreaという名前に変更しています（変更しなくても動作上の問題はありません）。

コライダーのコンポーネントのプロパティ

BoxCollider2D／CircleCollider2Dコンポーネントのプロパティは大部分が共通です 表6-02 。物理的な挙動に影響するものも用意されています。

プロパティ	説明
Density	密度（Use Auto Mass が有効の場合）
Material	摩擦や弾性など衝突の種類を定義する Physics Material を指定
Is Trigger	コライダーをトリガーにするかどうか
Used by Effector	コライダーがエフェクターをアタッチしているかどうか
Offset	ローカルでのオフセット
Size（Boxのみ）	ローカル空間でのボックスのサイズ
Radius（Circleのみ）	ローカル座標単位での円の半径
Edit Collider	[Scene] ビュー上で判定領域を調整

表6-02 BoxCollider2D／CircleCollider2D コンポーネントのプロパティ

🔲 Density——密度

Densityは密度という意味で、この値とコライダーが表す領域のサイズをもとに質量が決められます。同じゲームオブジェクトのRigidbody2Dコンポーネントで[Use Auto Mass]がオンになっているときに意味を持ちます（P.188参照）。

🔲 Material——摩擦と弾性

Materialは「質感」という意味で、3Dグラフィックスの表面の質感なども意味しますが、コライダーで使われるのは「Physics Materal」というものです。これはゲームオブジェクトの摩擦係数と弾性を決定します。摩擦係数が高いと表面を転がるときに物体が止まりやすくなります。また、弾性が高いと衝突したときに強く跳ね返るようになります。Physics Materialは[Project]ウィンドウの[Create]をクリックして作成します。

🔲 Is Trigger——衝突判定だけを利用する

Is Triggerをオンにすると、衝突しても跳ね返ったりせずそのまま通過します。もちろん何もしないわけではなく、イベントメソッドが呼び出され、重なったことをきっかけに何かの処理を行うことができます。このようなゲームオブジェクトをトリガー（引き金）と呼びます。THE BALLではゴールエリアをトリガーにして、ボールがゴールにたどり着いたことを判定するために使用します。

🔲 Used by Effector——衝突時に働く特殊効果

[Used by Effector]をオンにすると、エフェクターを利用して衝突時に特殊効果を発生させることができます。エフェクターのコンポーネントは4種類あり、コライダーと同じゲームオブジェクトに追加します 表6-03 。

ここでは名前しか紹介できませんが、どれもアイデア次第で面白いゲームがつくれそうですね。

コンポーネント名	働き
AreaEffector2D	フォース（力）を適用する
BuoyancyEffector2D	流体（水のように表面を流れるもの）の挙動を定義する
PointEffector2D	引き付ける／跳ね返すための力を設定する
PlatformEffector2D	一方向だけに衝突判定を行う（上に乗れるが下からは通過するなど）、摩擦やバウンドのオン／オフ切り替えなど、さまざまな「床」の挙動を適用する
SurfaceEffector2D	衝突したものを表面に沿って動かす。コンベヤベルトのように働く

表6-03 エフェクターのコンポーネント

◎ Offset、Size、Radius——判定領域を調整する

初期状態ではゲームオブジェクトの形と判定領域のサイズは同じですが、これらのプロパティを利用して調整できます。例えば、判定領域を見た目より小さくしてすり抜けやすくする、武器のヤリの先端だけ衝突判定するといった目的で使います。

［Offset］は判定領域の位置をずらします。BoxCollider2Dでは［Size］で高さと幅を設定でき、CircleCollider2Dでは［Radius］で半径を設定できます。

◎ Edit Collider——［Scene］ビュー上で編集する

［Edit Collider］をクリックすると、［Scene］ビュー上に判定領域を編集するためのハンドルが表示されます。判定領域を直感的に調整できます 図 6-27 。

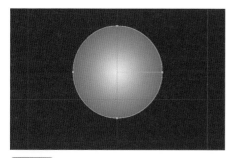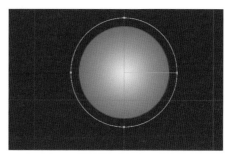

図 6-27 ［Edit Collider］の利用

ここまでコライダーのプロパティをざっくりと説明しましたが、この中で優先的に覚えておいてほしいのは、「Is Trigger」と、［Offset］や［Edit Collider］などの判定領域を調整するプロパティです。どちらも基本的な衝突判定のためのプロパティなので、すぐにでも使う可能性があります。THE BALLでも少しあとでゴールエリアの判定に使います。

他のプロパティはいつか面白いゲームをつくるときのために、軽く頭に入れておけば十分です。

❊ 物理エンジンについてもっと詳しく知りたい

ここまででRigidbody2Dとコライダーについて説明しましたが、Unityの物理エンジンには他に「ジョイント」や「コンスタントフォース」などのコンポーネントがあります。ジョイントは複数のゲームオブジェクトをつないで、バネやちょうつがい、シーソーなどの仕組みを作れるようにします。フォースは重力以外の力で物体を動かしたり回転させたりするときに使います。

Unityマニュアルの「2D物理演算リファレンス」にひと通り紹介されているので、ぜひ目を通してください 図6-28 。

図 6-28 2D物理演算リファレンス
(https://docs.unity3d.com/jp/current/Manual/Physics2DReference.html)

物理の勉強にも
なりそう

3 ボールの動きを コントロールする

ボタンを押したときにボールが動き出すように、スクリプトでコントロールしましょう。また、ボールが画面外に出たときは自動的に初期状態に戻るようにします。

● GO ボタンでボールが転がるようにする

□ GO ボタンと RETRY ボタンを配置する

これまではプレイモードに切り替えるとすぐにボールが落下していましたが、「GO」と書かれたボタンを押したときに落下するようにしましょう。いったんボールが動き出した後は代わりに RETRY ボタンが表示され、それを押すと初期位置に戻るようにします。

まずは見た目からつくっていきます。UnityUI を利用するためにキャンバスを配置します。UI パーツのつくりかたはもう大丈夫ですか？　そう、ヒエラルキーの [+] をクリックして [UI] → [Canvas] を選ぶのですね。名前は CanvasUI にします 図 6-29 。

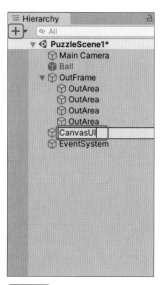

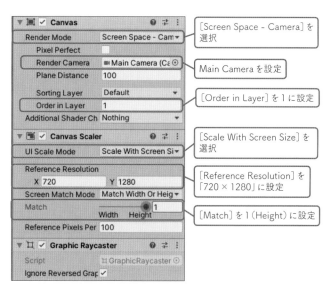

図 6-29 CanvasUI を作成

キャンバス上にGoButtonという名前のボタンを作成します。ボタンは画面の右上に置きたいので、アンカーで[top right]を選択します 図6-30 。

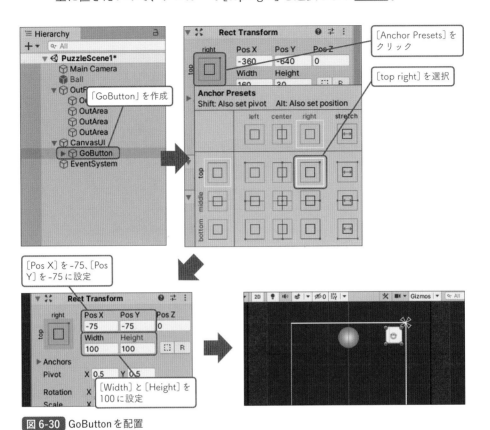

図6-30 GoButtonを配置

ボタンとしての体裁を整えていきます。色を青系にして子のテキストを「GO」という白い文字にします 図6-31 。

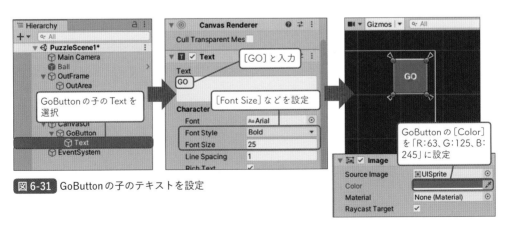

図6-31 GoButtonの子のテキストを設定

次はRetryButtonです。GoButtonを複製し、赤系の色に変更して子のテキストを「RETRY」という文字にします。位置はGOボタンと完全に重なっています 図6-32 。

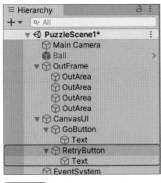
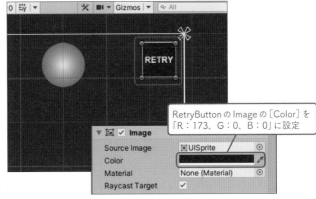

RetryButton の Image の [Color] を「R：173、G：0、B：0」に設定

図6-32 複製してRetryButtonを作成

🔵 GameManager.csを作成する

[Project]ウィンドウの[Scripts]フォルダ内にGameManager.csを作成し、ヒエラルキーでGameManagerゲームオブジェクトを作成します 図6-33 。

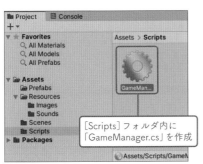

[Scripts]フォルダ内に「GameManager.cs」を作成

空のゲームオブジェクトのGameManagerを作成

図6-33 スクリプトの作成

これまでと同じように、GameManagerゲームオブジェクトにGameManager.csを追加します 図6-34 。

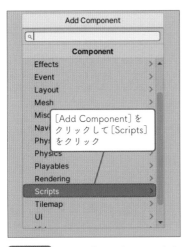

[Add Component]をクリックして[Scripts]をクリック

[Game Manager]をクリック

図6-34 スクリプトをゲームオブジェクトに追加

GameManager.csを開いて編集していきます。ボールやボタンを設定するためのパブリック変数をいくつか追加し、Startメソッド内でRETRYボタンを非表示にします。また、スクリプト内でボールの状態を管理するためのbool型変数isBallMovingを用意し、falseを設定しておきます コード 6-01 。

コード 6-01 GameManager.cs

```
using UnityEngine;
using System.Collections;

using UnityEngine.SceneManagement;

public class GameManager : MonoBehaviour {

    public int StageNo;                //ステージナンバー

    public bool isBallMoving;          //ボール移動中か否か

    public GameObject ballPrefab;      //ボールプレハブ
    public GameObject ball;            //ボールオブジェクト

    public GameObject goButton;        //ボタン：ゲーム開始
    public GameObject retryButton;     //ボタン：リトライ

    // Use this for initialization
    void Start () {
        retryButton.SetActive (false);  //リトライボタンを非表示
        isBallMoving = false;           //ボールは「移動中ではない」
    }

    // Update is called once per frame
    void Update () {

    }
}
```

ヒエラルキーでGameManagerゲームオブジェクトをクリックするとインスペクターにパブリック変数が表示されます。設定していきましょう。[Stage No]はこのステージの番号を記録するためのint型変数です。最初のステージなので1を設定しておきます。ステージ2のときはここを2にします。

そして、Ballプレハブを[Ball Prefab]にドラッグ＆ドロップして登録します 図 6-35 。

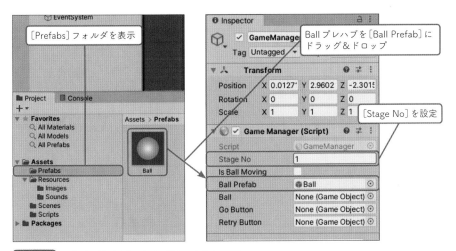

図 6-35 スクリプトをゲームオブジェクトに追加

BallやGoButton、RetryButtonなどのゲームオブジェクトも設定していきます。
Ballはゲームオブジェクトとプレハブをそれぞれ登録するので、混同しないように
気を付けてください 図 6-36 。

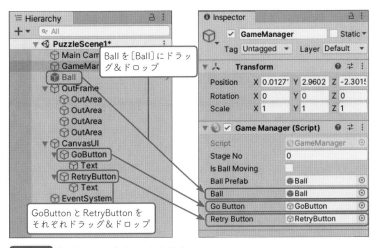

図 6-36 各ゲームオブジェクトを設定

✿ Order in Layer

[Order in Layer] は、Canvas コンポーネントや SpriteRenderer コンポーネントが持つプロ
パティで、数値が大きいものほど後で描画される、つまり前面に表示されることになりま
す。
THE BALL のキャンバスでは [Order in Layer] を 1 に設定しています（P.199参照）。
CanvasUI 以外のボールや壁の [Order in Layer] は 0 のままなので、GO ボタンなどの上に
ボールや壁が表示されることがなくなります。

GOボタンにメソッドを割り当てる

GOボタンを押したときに呼び出されるPushGoButtonメソッドを追加します
コード 6-02 。

コード 6-02　GameManager.cs

```
……中略……
// Update is called once per frame
void Update () {


}


//GOボタンを押した
public void PushGoButton () {
    //ボールの重力を有効化
    Rigidbody2D rd = ball.GetComponent<Rigidbody2D>();
    rd.isKinematic = false;

    retryButton.SetActive (true);    //リトライボタンを表示
    goButton.SetActive (false);      //GOボタンを非表示
    isBallMoving = true;             //ボールは「移動中」
}
}
```

PushGoButtonメソッドでは、Ballゲームオブジェクトが代入されているballメ
ソッドからRigidbody2Dコンポーネントを取得します。そしてそのisKinematicに
falseを代入します。isKinematicは物理エンジンの影響の有効／無効を切り替える
ものなので、ここにfalseを代入すると影響が有効になり、ボールは重力に引かれ
て落下します。

同時にRETRYボタンを表示してGOボタンを非表示にしたり、スクリプト側で
状態を把握するためのisBallMovingにtrueを設定したりする処理も行います。

📎 メソッドの割当てとボールの準備

ヒエラルキーでGoButtonを選択し、インスペクターでOnClickイベントに対
してPushGoButtonメソッドを割り当てます。ボタンへのイベントの割り当て方
は覚えていますか？　まずOnClickの［+］ボタンをクリックし、GameManager
ゲームオブジェクトをドラッグ＆ドロップなどで登録してから、リストから
［GameManager］→［PushGoButton ()］を選択します。思い出せない人はP.120を
読み返してください 図 6-37 。

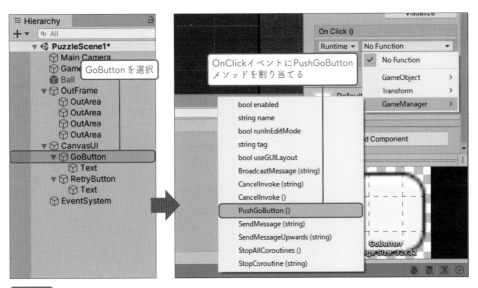

図 6-37 GOボタンにメソッドを割り当てる

プレイモードでテストする前にもう1つやっておくことがあります。それはBall ゲームオブジェクトの[Body Type]を[Kinematic]にして、開始時点でボールが落下しないようにすることです。

ただし、このBallはプレハブのインスタンスです。プレハブ側の[Body Type]は変更していないので、次に新しいインスタンスを作成したときは変更が反映されません。そこでインスペクターで設定を変更した後で、[Apply All]をクリックします**図6-38**。

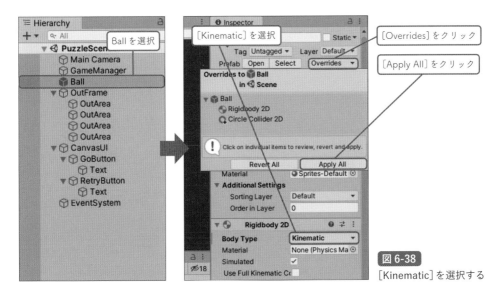

図 6-38
[Kinematic]を選択する

[Apply All]をクリックすると、インスタンスに対して行った設定変更がプレハ

ブにも反映されます。[Project]ウィンドウで[Prefabs]フォルダの中のBallを選び、設定が反映されていることを確認してください 図6-39 。

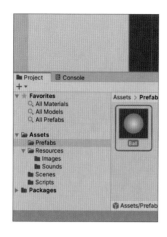

図6-39
プレハブの設定を確認

この設定は逆のやり方もあります。先にプレハブを選択して[Kinematic]を選択しておき、そのあとインスタンスを選択して[Revert All]をクリックします。[Revert]はインスタンスの設定をプレハブと同じにするので、この方法でも同じ結果になります。

さて、プレイモードで実行テストしてみましょう。今度はゲームが開始されてもボールは落下しません。GOボタンを押すと落下し、GOボタンの代わりにRETRYボタンが表示されます 図6-40 。

図6-40
GOボタンを押すとボールが落下する

RETRYボタンでやり直しできるようにする

次にRETRYボタンの機能を追加しましょう。RETRYボタンは、壁の配置を間違えてボールがゴールエリアにたどり着かなくなったときにゲームをやり直す機能です。

GameManager.cs に PushRetryButton メソッドを追加します コード 6-03 。

コード 6-03 GameManager.cs

```
……前略……
    goButton.SetActive (false);        //GOボタンを非表示
    isBallMoving = true;               //ボールは「移動中」
}


//リトライボタンを押した
public void PushRetryButton () {
    Destroy (ball);                    //ボールオブジェクトを削除

    //プレハブより新しいボールオブジェクトを作成
    ball = (GameObject)Instantiate (ballPrefab);

    retryButton.SetActive (false);     //リトライボタンを非表示
    goButton.SetActive (true);         //GOボタンを表示
    isBallMoving = false;              //ボールは「移動中ではない」
}
}
```

　最初に呼び出しているDestroyメソッドはUnityEngine.Objectクラスのスタ
ティックメソッドで、ゲームオブジェクトやコンポーネント、メソッドを削
除します。UnityEngine.ObjectクラスはUnityのすべてのクラスの親なので、
MonoBehaviourクラスもそれを継承しています。なので、クラス名を付けずに呼
び出せるのです。

　削除した後はInstantiate（インスタンシエイト）メソッドでプレハブから新しい
インスタンスを作成します。これもUnityEngine.Objectクラスのスタティックメ
ソッドで、引数に指定したオリジナルのオブジェクトのクローン（複製）を返します。
返値を変数に代入するときは、(GameObject)を付けてキャスト（P.43参照）します。

Objectクラスはクラス
全部の先祖なのね

メソッドができあがったら、RETRYボタンに割り当てましょう 図6-41 。

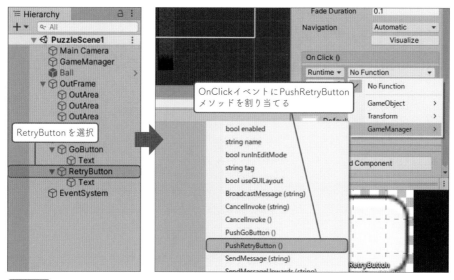

図 6-41 RETRYボタンにメソッドを割り当てる

　これで落下中にRETRYボタンを押すとボールが初期位置に戻ります。正確には落下していたBallゲームオブジェクトを削除して、プレハブから新しいBallゲームオブジェクトを作成しているので、プレハブの設定を引き継いで[Body Type]が[Kinematic]になるため、落下していない状態になります 図 6-42 。

図 6-42
落下中にRETRYボタンを押す
と初期位置に戻る

● *OutArea* に衝突したら自動的に初期位置に戻す

　ボールの落下処理の仕上げとして、画面外に出たことを判定するOutAreaゲームオブジェクトに衝突したら、RETRYボタンを押したときと同じように初期位置に戻るようにしましょう。

　衝突判定を行うには、判定するどちらかのオブジェクトにOnCollisionEnter2Dというメソッドを持つスクリプトを追加します。今回はBallに挙動を管理するためのスクリプトを追加しておきましょう。

BallManager.csを作成し、ヒエラルキーのBallゲームオブジェクトに追加します。プレハブにも反映するために［Apply］をクリックするのを忘れないようにしましょう 図6-43 。

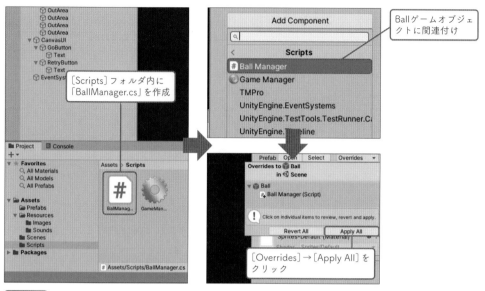

図 6-43 BallManager.cs を Ball ゲームオブジェクトに追加

BallManager.csを開き、OnCollisionEnter2Dメソッドを追加します コード 6-04 。

コード 6-04 BallManager.cs

```
using UnityEngine;
using System.Collections;

public class BallManager : MonoBehaviour {

    // Use this for initialization
    void Start () {

    }

    // Update is called once per frame
    void Update () {

    }

    //ボールが何かのコリジョンに衝突
    void OnCollisionEnter2D (Collision2D coll) {
        if (coll.gameObject.tag == "OutArea") {
            //「アウトエリア」に衝突
```

```
        //ゲームマネージャーを取得
        GameObject gameManager = GameObject.Find ("GameManager");
        //リトライ
        gameManager.GetComponent<GameManager> ().PushRetryButton ();
    }

}
}
```

OnCollisionEnter2Dメソッドはゲームオブジェクトが他の何かと衝突したとき
に呼び出されます。何と衝突したかという情報はCollision2D型の引数にまとめら
れています 表6-04 。

変数	説明
collider	衝突してきたコライダー
contacts	コライダーとの具体的な衝突地点
enabled	衝突判定の有効／無効を設定
gameObject	衝突してきたゲームオブジェクト
relativeVelocity	衝突したオブジェクトの相対的な速度（読み込み専用）
rigidbody	衝突してきたRigidbody2D
transform	衝突してきたオブジェクトのTransform

表6-04 Collision2Dクラスの変数

今回はゲームオブジェクトを取得したいので、gameObjectをif文でチェック
します。後で説明しますが、ゲームオブジェクトが持つtag（タグ）という情報が
OutAreaという文字列かどうかを確認し、その場合はOutAreaのいずれかと衝突し
たと見なします。

OutAreaのいずれかと衝突した場合、GameObjectクラスのFindメソッドを使っ
てGameManagerという名前のゲームオブジェクトを探します。見つかったらその
ゲームオブジェクトのGameManagerコンポーネント（つまりGameManager.cs）
を取得し、PushRetryButtonメソッドを呼び出します。

◯ ゲームオブジェクトにタグを設定する

先ほどif文でゲームオブジェクトのタグをチェックしました。タグはゲームオブ
ジェクトに設定する情報の一種で、種類を区別したいときに使います。今回であれ
ば4つのOutAreaに「OutArea」というタグを付け、他のゲームオブジェクトと区別
できるようにします。その他に、敵キャラクターと味方のキャラクターを区別した
い場合などにも使います。

それではタグを設定してみましょう。OutAreaの1つを選択し、［Tag］のリスト
から［Add Tag］を選択して［Tag&Layers］画面を表示します 図6-44 。

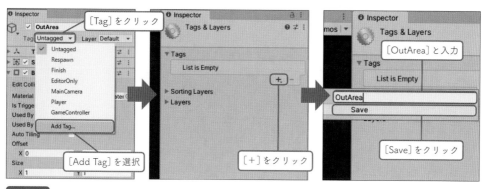

図6-44 タグの作成

これでOutAreaタグが作成できたので、すべてのOutAreaゲームオブジェクト
を選択し、[Tag]のリストから選択します 図6-45 。

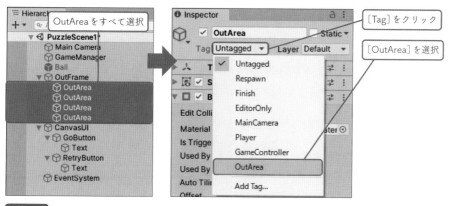

図6-45 タグの設定

プレイモードで試してみましょう。ボールを落下させてそのまま放っておくと、
ボールがOutAreaに衝突し、PushRetryButtonメソッドが呼び出されて初期位置に
戻ります 図6-46 。

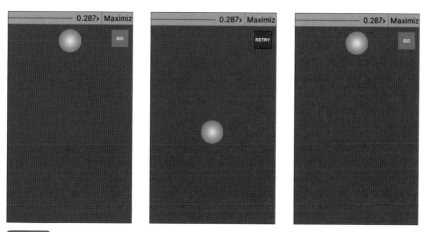

図6-46 画面外に出たあと初期状態に戻る

4

壁とゴールをつくろう

動かせる壁と動かせない壁、そしてゴールをつくり、
ゲームの中心部分の完成を目指しましょう。

● 動かない壁をつくろう

ゲームのもう1つの主役である壁を作成しましょう。壁には動かないものと動か
せるものの2種類があります。先に動かない壁からつくっていきます。

[Images] フォルダから「WhiteBox」という画像をヒエラルキーにドラッグ＆ド
ロップし、ゲームオブジェクトにします 図6-47 。

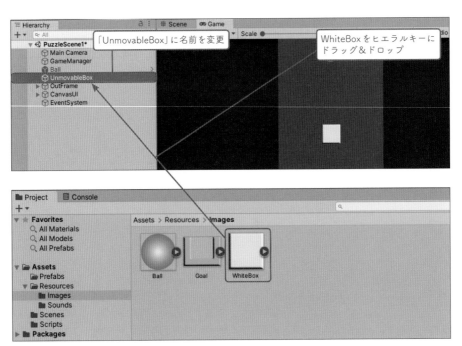

図 6-47 UnmovableBox を配置

灰色で着色し、BoxCollider2D コンポーネントを追加して、ボールと衝突判定で
きるようにします 図6-48 。BoxCollider2D コンポーネントの追加の仕方を忘れてし
まった場合は P.192 を参照してください。

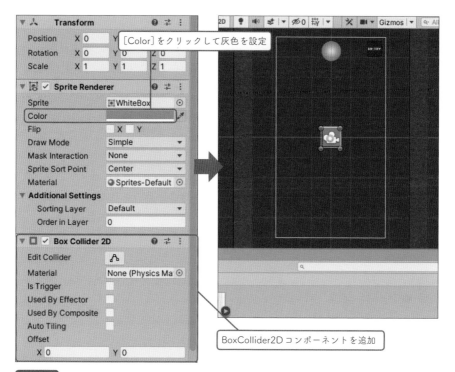

[Color]をクリックして灰色を設定

BoxCollider2D コンポーネントを追加

図 6-48 UnmovableBoxを設定

　これで完成です。ステージによってはいくつも配置するので、プレハブにしてお
きましょう 図 6-49 。

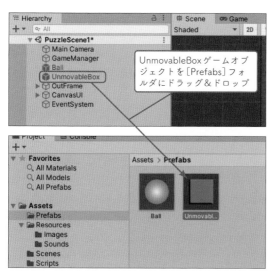

UnmovableBox ゲームオブ
ジェクトを [Prefabs] フォ
ルダにドラッグ＆ドロップ

図 6-49
UnmovableBoxをプレハブ化

　プレハブ化した後で、ステージ1用にヒエラルキーのゲームオブジェクトの
UnmovableBoxを移動しておきます 図 6-50 。

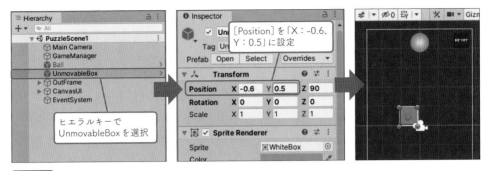

図6-50 UnmovableBoxの位置を調整

動く壁をつくろう

MovableBoxの作成

続いて動く壁をつくりましょう。ゲームオブジェクトを作成するところまでは動かない壁と同じです。画像の「WhiteBox」をヒエラルキーにドラッグ＆ドロップし、BoxCollider2Dコンポーネントを追加します 図6-51 。

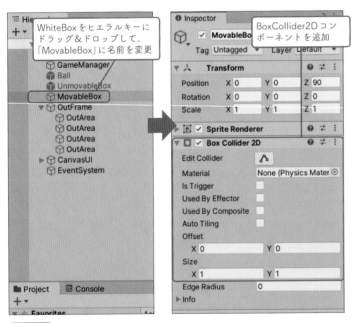

図6-51 UnmovableBoxを配置

壁を移動するメソッドを書くためにMovableBoxManager.csを作成し、MovableBoxゲームオブジェクトに追加します 図6-52 。

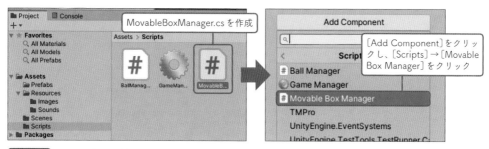

図 6-52 スクリプトを追加する

MovableBoxを［Prefabs］フォルダにドラッグ＆ドロップしてプレハブに登録し、ステージ1用にゲームオブジェクトのMovableBoxを移動しておきます 図 6-53 。

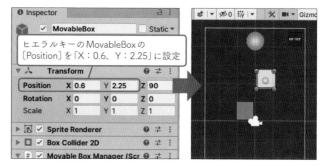

図 6-53 MovableBoxの位置を調整

この段階でプレイモードで実行テストすると、落ちたボールがコライダーを設定した壁にぶつかって動きが変わります 図 6-54 。

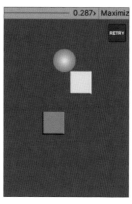

図 6-54 ボールが壁に衝突する

● ドラッグで移動する処理を追加する

MovableBoxManager.csを開き、ドラッグ用のメソッドなどを追加します コード 6-05 。

コード 6-05 MovableBoxManager.cs

```
using UnityEngine;
using System.Collections;

public class MovableBoxManager : MonoBehaviour {

    private GameObject gameManager;      //ゲームマネージャー

    // Use this for initialization
    void Start () {
        //ゲームマネージャーを取得
        gameManager = GameObject.Find ("GameManager");
    }

    // Update is called once per frame
    void Update () {

    }

    //ドラッグ処理
    void OnMouseDrag () {
        if (gameManager.GetComponent<GameManager> ().isBallMoving == false) {
            //位置を取得
            float x = Input.mousePosition.x;
            float y = Input.mousePosition.y;
            float z = 100.0f;
            //位置を変換してオブジェクトの座標に指定
            transform.position = Camera.main.ScreenToWorldPoint (new Vector3
(x, y, z));
        }
    }
}
```

　ボールが移動中以外のときだけドラッグ可能にしたいので、GameManager
クラスのisBallMovingを確認する必要があります。そこでStartメソッド内で
GameObjectクラスのFindメソッドを使い、GameManagerゲームオブジェクトを
探し、メンバー変数に記憶しておきます。前にPushReplayButtonメソッドを呼び
出すときは直前にFindメソッドを実行しましたが、ドラッグのたびに実行すると
重くなってしまいます。そこで今回は事前にFindメソッドを実行し、結果を記憶
しておくわけです。ささやかながらゲームをスムーズに動かすための工夫です。

◯ ドラッグ中の座標を取り出す

　ドラッグに対応するためにOnMouseDragメソッドを追加します。これはゲーム
オブジェクトがドラッグされているときに定期的に呼び出されるメソッドです。

isBallMovingがfalseのときだけ、Inputクラスを利用してドラッグ中のマウスの状態を取り出します。

Inputクラスはマウスやジョイスティック、スマートフォンのタッチ操作やセンサーからの情報を取り出す機能を持っています。メンバー変数のmousePositionからは、マウスポインタの位置や1本指でタッチしているときの座標を取り出すことができます。

ただしこの座標値は画面の左下を(0,0)とするピクセル単位のスクリーン座標です。カメラが持つScreenToWorldPointメソッドを利用してゲームオブジェクトが使用するワールド座標に変換します。

スクリプトを上書き保存したら、実行テストしてみましょう。白い壁をドラッグして動かせるようになっているはずです 図6-55 。

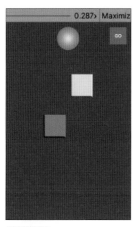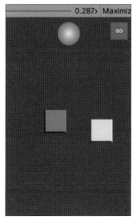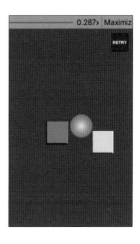

図 6-55 白い壁をドラッグして動かせるようになった

✳ OnMouseDrag はメソッド名を間違えると呼び出されない

OnMouseDragメソッドや少し前に出てきたOnCollisionEnter2Dメソッドは、その名前のメソッドを書くだけで自動的に呼び出されます。OnClickのようなイベントに割り当てる必要もありません。その代わり、メソッド名を間違えて書いたり、型が違っていたりすると呼び出されません。エラーも発生しないのでよく注意してください。

● ゴールエリアをつくる

🔲 ゴールにあわせてコライダーを設定する

ボールがゴールにたどり着いたことを判定するために、ゴールを表す枠と、ゴールエリアの領域を作成しましょう。[Images]フォルダからGoalという画像をヒエラルキーにドラッグ&ドロップしてゲームオブジェクトをつくります 図6-56 。

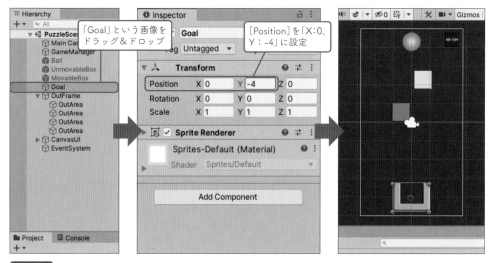

図 6-56 Goalゲームオブジェクトを配置

　ボールをゴールのくぼみにうまく乗せるためにコライダーを追加しますが、ゴールは凹型をしているので、BoxCollider2Dコンポーネントでは形が合いません。そこで3つのBoxCollider2Dコンポーネントを組み合わせます。もう何度も出てきていますが、BoxCollider2Dコンポーネントの追加の方法については P.192に詳しく書いてありますね。まず1つ目を追加して［Offset］と［Size］を調整して画像の左側の壁とあわせます 図6-57 。

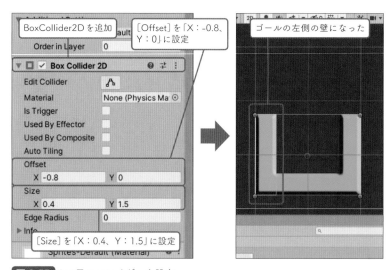

図 6-57 1つ目のコライダーを設定

　さらに2つ BoxCollider2D コンポーネントを追加します 図6-58 。
　このように1つのオブジェクトに対して、同種のコンポーネントを複数追加することも可能なのです。

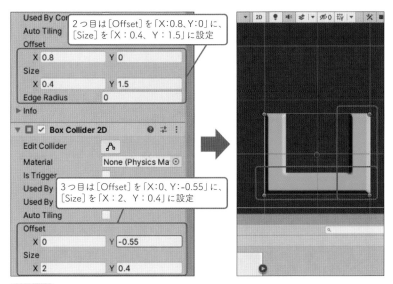

2つ目は［Offset］を「X：0.8、Y：0」に、［Size］を「X：0.4、Y：1.5」に設定

3つ目は［Offset］を「X：0、Y：-0.55」に、［Size］を「X：2、Y：0.4」に設定

図 6-58 2つ目と3つ目のコライダーを設定

ゴールエリアを配置する

ゴールの中にゴールエリアを配置します。またWhiteBoxの画像をGoalゲームオブジェクトの子になるようドラッグ＆ドロップし、ClearAreaという名前にします 図 6-59 。

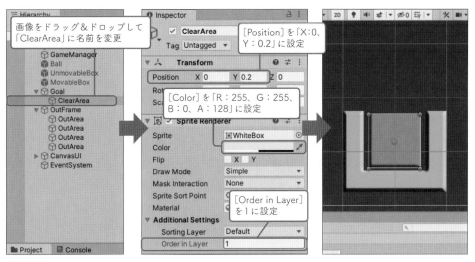

画像をドラッグ＆ドロップして「ClearArea」に名前を変更

［Position］を「X：0、Y：0.2」に設定

［Color］を「R：255、G：255、B：0、A：128」に設定

［Order in Layer］を1に設定

図 6-59 ClearAreaを配置

BoxCollider2Dコンポーネントを追加し、［Offset］と［Size］を調整して下半分だけが判定領域になるようにします。そしてここが重要ですが、［Is Trigger］をオンにします。これをオンにすることで、ClearAreaはトリガーとなり、ボールはこのコライダーとはぶつかることなく通り抜け、ボールが接触したときにトリガーとしてのイベントを発生するようになります 図 6-60 。

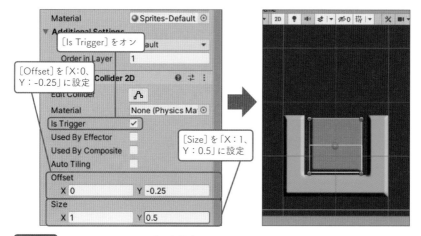

図 6-60 ClearAreaにコライダーを設定

後で見分けるためにClearAreaオブジェクトにタグを追加します**図6-61**。

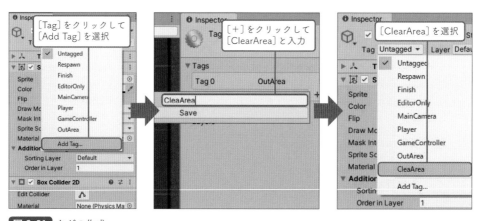

図 6-61 タグの作成

🔲 トリガーイベントに反応するメソッドを追加する

ゴールのためのスクリプトを追加していきましょう。ボールがClearAreaに接触したときにステージクリアの処理が行われるようにします。GameManager.csを開いてStageClearという名前の空のメソッドを追加してください。中身は後で追加します**コード 6-06**。

コード 6-06 GameManager.cs

```
        goButton.SetActive (true);        //GOボタンを表示
        isBallMoving = false;             //ボールは「移動中ではない」

    }


    //ステージクリア処理

    public void StageClear () {
```

```
        }
    }
```

続いてBallManager.csを開き、OnTriggerEnter2Dメソッドを追加します
コード 6-07 。

コード 6-07 BallManager.cs

```
……前略……
            gameManager.GetComponent<GameManager> ().PushRetryButton ();
        }
    }


    //ボールが何かのトリガーに衝突
    void OnTriggerEnter2D (Collider2D other) {
        if (other.gameObject.tag == "ClearArea") {
            //「クリアーエリア」に入った
            GameObject gameManager = GameObject.Find ("GameManager");
            gameManager.GetComponent<GameManager> ().StageClear ();
        }
    }
}
```

前にOutAreaとの衝突のために追加したOnCollisionEnter2Dメソッド（P.210参
照）に似ていて、接触情報としてCollider2D型の引数を取ります。

メソッド内でやっていることもほぼ同じで、タグを確認してそれが「ClearArea」
であれば、GameManagerクラスのStageClearメソッドを呼び出します。

プレイモードで試してみましょう。動く白い壁をうまく配置してからGOボタン
を押すと、ボールがゴールの中に収まります。StageClearメソッドの中は空なの
で何も起きませんが、[Is Trigger]をオンにしているのでボールがClearAreaの上
に乗ることなく、重なっていることは確認できます 図 6-62 。

図 6-62 ClearAreaにボールが重なる

5 ステージクリアを 演出しよう

ゲームには演出が必要です。
ステージクリア時に簡単なアニメーションと効果音が
再生されるようにしましょう。

● 簡単な移動アニメーションを設定しよう

　前のページまででゲームの中核は完成しました。しかし、ゲームというものは必要なところだけあれば完成ではありません。遊ぶ人を楽しませ、達成感を与える演出が必要です。Unityにはアニメーションとオーディオ再生を行う機能があるので、それらを使ってステージクリア時にちょっとした演出を加えましょう。

■ アニメーション機能の概要

　Unityで作成できるアニメーションは、主に次の3種類があります。

- ゲームオブジェクトの位置などの値を徐々に変化させるパラメータアニメーション
- スプライト画像を高速に切り替えて再生するパラパラアニメーション
- 3Dモデルを関節部分で動かして歩いたり飛んだりさせるモーション

　今回作成するのは1つ目の種類のアニメーションで、テキストのY座標を変化させて、「Clear!」という文字が上にスライドするごく簡単なものです。
　アニメーションデータを管理するファイルには、アニメーションクリップとアニメーターコントローラーの2種類があります。
　アニメーションクリップは1つのアニメーションのデータが記録されたものです。アニメーションデータの本体といってもいいでしょう。[Animation]ウインドウを使って編集します 図6-63 。

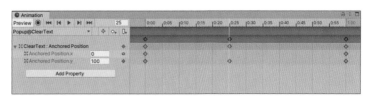

図6-63 アニメーションクリップアセットと[Animation]ウィンドウ

もう1つのアニメーターコントローラーは、複数のアニメーションクリップを管理し、タイミングに応じてゲームオブジェクトに適用します。例えば、アクションゲームなどではキャラクターが走ったり、ジャンプしたり、武器を投げたりとさまざまな動きをしますが、それら個々の動きをアニメーションクリップにしておき、アニメーターコントローラーで切り替えて使うのです。アニメーターコントローラーの設定は［Animator］ウィンドウで行います 図6-64 。

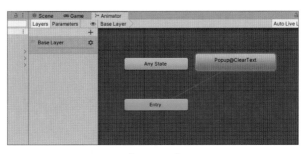

図 6-64　アニメーターコントローラーアセットと［Animator］ウィンドウ

🔲 アニメーション用のテキストを作成する

アニメーションさせる「Clear!」というテキストを作成します 図6-65 。

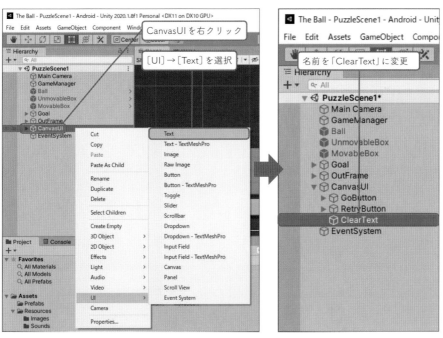

図 6-65　テキストを作成

RectTransformコンポーネントでサイズを設定し、Textコンポーネントで表示する文字やサイズ、色などを設定します 図6-66 。

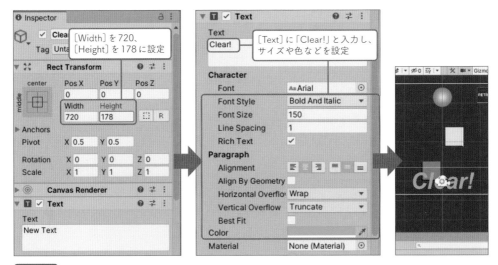

図 6-66 テキストの設定

今回はさらにOutlineコンポーネントを追加してテキストに縁取りを付けます。これはテキストだけなくイメージなどにも使用可能です 図6-67 図6-68 。脱出ゲームのメッセージウインドウでも使いましたね。

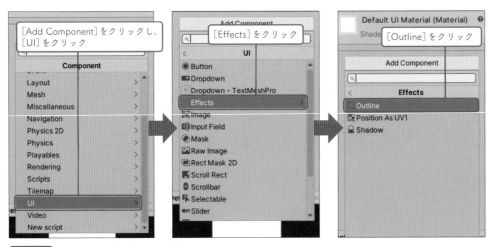

図 6-67 Outlineコンポーネントの追加

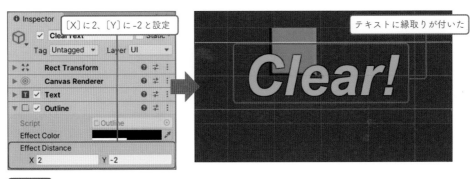

図 6-68 Outlineコンポーネントの設定

⬛ アニメーションクリップの作成

設定対象のテキストを選択した状態で［Animation］ウィンドウを表示し、「Popup@ClearText」という名前のアニメーションクリップを作成します 図6-69 。

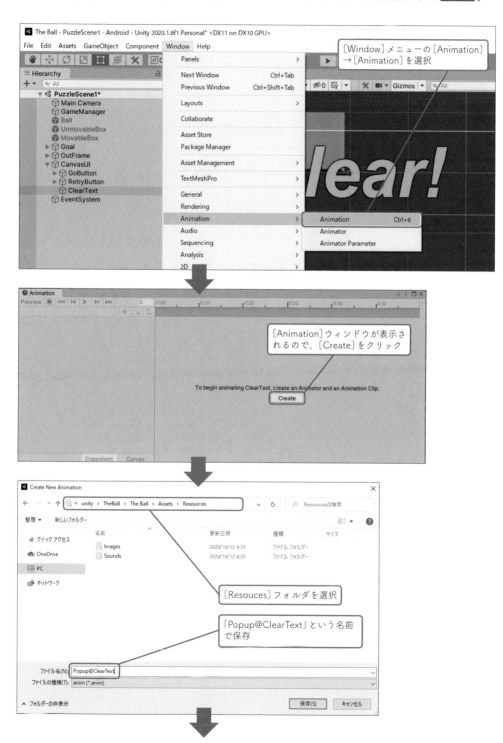

物理パズルゲームをつくろう Chapter 6

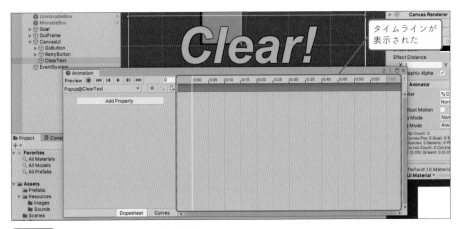

図 6-69 アニメーションクリップの作成

　アニメーションクリップを保存したところで、[Project]ウィンドウやインスペクターを確認してみてください。[Resources]フォルダの中にアニメーションクリップに加えて「ClearText」という名前のアニメーターコントローラーも自動作成されています。また、ClearTextゲームオブジェクトにはAnimatorコンポーネントが追加されており、[Controller]にClearText（アニメーターコントローラーのほう）が指定されています **図 6-70**。

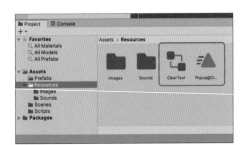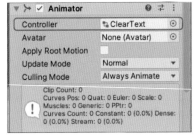

図 6-70 アニメーション関連アセットとAnimatorコンポーネント

　さらに[Animator]ウィンドウを開いてみてください。ClearTextアニメーターコントローラーのステート図にPopup@ClearTextアニメーションクリップが表示されているはずです **図 6-71**。

アニメーターとアニメーション。紛らわしいので気を付けないと

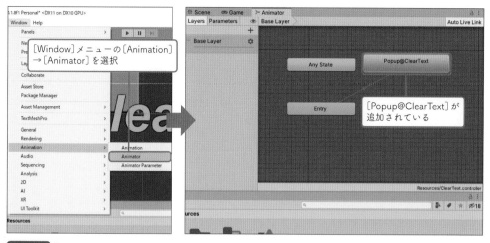

図 6-71 [Animator]ウィンドウで確認

これで、ゲームオブジェクト→Animatorコンポーネント→アニメーターコント
ローラー→アニメーションクリップというつながりができていることが確認できま
す 図 6-72 。

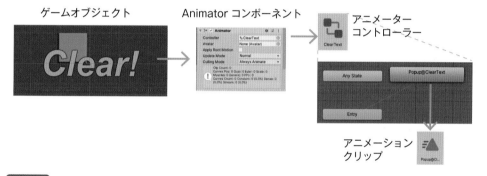

図 6-72 アニメーション設定のつながり

今回アニメーターコントローラーは編集しませんが、初期状態ではゲームオブ
ジェクトが表示された時点ですぐにアニメーションクリップを再生するようになっ
ています。

○ アニメーションクリップにプロパティを追加する

[Animation]ウィンドウを使ってアニメーションクリップにアニメーションを設
定していきましょう。[Animation]ウィンドウの左側はプロパティリスト――つま
りインスペクターの設定項目の一覧になっており、ここにアニメーション機能で何
を変化させるかを指定します。右半分をタイムラインといい、ここでどのタイミン
グで値をどう変更するかを設定します。タイムライン上の◆をキーフレームと呼び、
ここに値を設定します。キーフレームからキーフレームの間は、計算によって値が
徐々に変化します 図 6-73 。

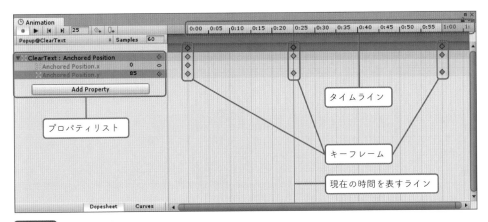

図 6-73 [Animation] ウィンドウ

　プロパティを追加します。今回はテキストの位置を変化させたいので、[Anchored Position] を追加します。なお、ゲームオブジェクトを選択していないと情報が表示されないので、[Scene] ビュー上で選択しておいてください **図 6-74** 。

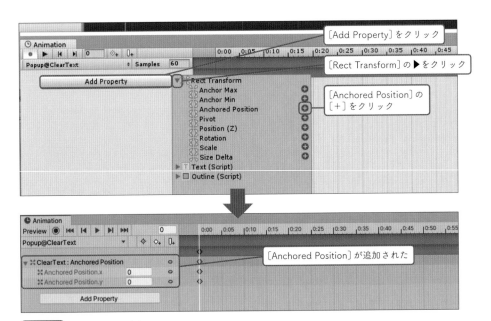

図 6-74 プロパティの追加

　キーフレームに値を設定します。アニメーションの編集時にはインスペクターの記録ボタンをクリックして編集モードにしておきましょう。タイムラインの「0:00(0秒)」をクリックして白いラインが0秒の位置にあることを確認し、インスペクターの [Pos Y] を-1000に変更します。インスペクターをよく見るとアニメーションの対象になっている [Pos X] と [Pos Y] が赤くなっていますね **図 6-75** 。

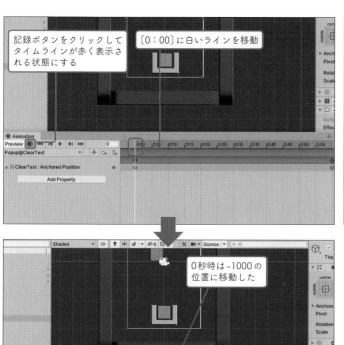
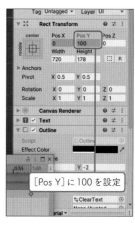

図 6-75 キーフレームの値を変更

次にキーフレームを追加します。タイムラインの「0：25（2.5秒）」をクリックして白いラインを移動し、インスペクターの［Pos Y］を100に変更します。これで白いラインの部分にキーフレームが追加されます 図 6-76 。

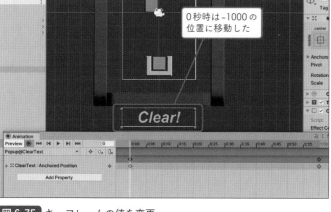

図 6-76 キーフレームの追加

次にアニメーションの終了時間を変更します。最後のキーフレームをドラッグし、

物理パズルゲームをつくろう Chapter 6

「0：30（3秒）」にあわせます。そして最後のキーフレームのところに白いラインを移動し、そのときの［Pos Y］を0に変更します 図6-77 。

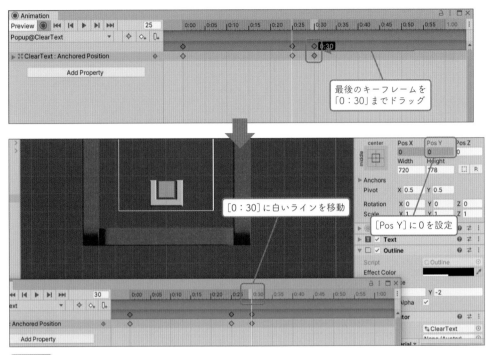

図 6-77 最後のキーフレームの値を変更

　これで、アニメーション開始時点では「Pos Y：-1000」だったテキストが、2.5秒後には「Pos Y：100」に移動し、3.0秒後に「Pos Y：0」に移動するアニメーションができあがりました。最後にインスペクターの記録ボタンを再度クリックして編集モードを終わらせておきましょう。

　プレイモードでも確認してみましょう。Clear! という文字が下から上へ繰り返し動くはずです 図6-78 。

図 6-78
ClearText がアニメーションする

アニメーションのループを停止する

アニメーションが1度の再生で停止するようにしてみましょう。アニメーションクリップのPopup@ClearTextを選択し、インスペクターで［Loop Time］をオフにします。これで一度しか再生されなくなります 図6-79 。

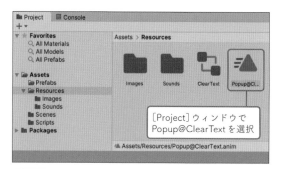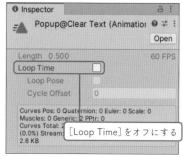

図 6-79 アニメーションクリップの設定を変更

ステージクリア時にアニメーションを再生する

このアニメーションはClearTextゲームオブジェクトがシーン上に出現している間ずっと再生され続けます。つまり、必要ないときはClearTextを非表示にしてしまえば、アニメーションは停止します。つまりアクティブ／非アクティブを切り替えることで、簡単にアニメーションを制御できるのです。

まずClearTextのチェックボックスをオフにして非アクティブにします 図6-80 。

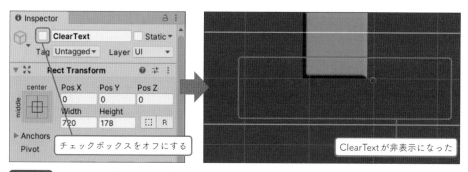

図 6-80 ClearTextを非アクティブに

GameManager.csを編集し、ステージクリア時にClearTextをアクティブにする処理を加えます。すでに空のStageClearメソッドは追加済みなので、その中に追加していきます コード 6-08 。

```
using UnityEngine;
using System.Collections;

using UnityEngine.SceneManagement;

public class GameManager : MonoBehaviour {

    public int StageNo;                    //ステージナンバー

    public bool isBallMoving;              //ボール移動中か否か

    public GameObject ballPrefab;          //ボールプレハブ
    public GameObject ball;                //ボールオブジェクト

    public GameObject goButton;            //ボタン：ゲーム開始
    public GameObject retryButton;         //ボタン：リトライ
    public GameObject clearText;           //テキスト：クリア

    ……中略……
    //ステージクリア処理
    public void StageClear () {
        clearText.SetActive (true);          //クリア表示
        retryButton.SetActive (false);       //リトライボタン非表示
    }
}
```

　　パブリック変数clearTextを追加しているので、そこにヒエラルキーから
ClearTextを追加します 図6-81 。

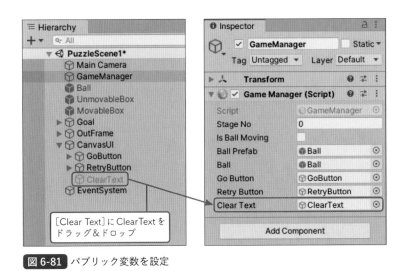

図 6-81 パブリック変数を設定

これで完成です。プレイモードでゲームを開始し、ステージをクリアしてみましょう 図 6-82 。

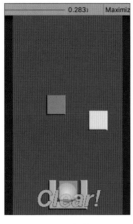

図 6-82 ステージクリア時にアニメーションする

✦ Unity マニュアルでアニメーションを学ぼう

本書で説明したのは、アニメーションのほんの「触り」程度です。Unity マニュアルに詳しい説明があるので、ぜひ目を通してみてください 図 6-83 。

図 6-83 アニメーションシステム概要
(https://docs.unity3d.com/jp/current/Manual/AnimationSection.html)

● オーディオを再生しよう

◎ AudioSource コンポーネントを追加する

さらにステージクリア時に効果音も再生するようにしてみましょう。アニメーションに比べればかなり簡単です。

まずオーディオ再生を担当するゲームオブジェクトにAudioSourceコンポーネントを追加します。今回はつねに存在するGameManagerオブジェクトに追加します 図6-84 。

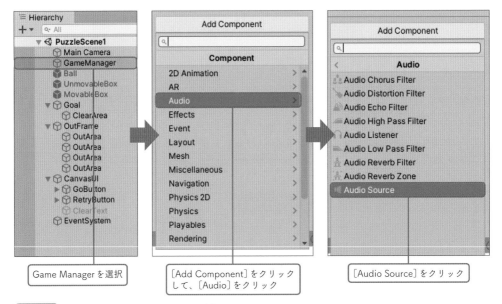

図 6-84 AudioSource コンポーネントの追加

AudioSourceコンポーネントにはさまざまな設定項目がありますが、今回は使用しません。プログラムから機能を利用します。

ちなみにメインカメラ（Main Camera）を選択すると、AudioListenerコンポーネントが追加されていることがわかります。つまり、AudioSource（オーディオ源）から発した音が、カメラの近くのAudioListener（オーディオ聴者）に届く仕組みになっているのです。3Dゲームなどで使えば、ゲームオブジェクトの位置によって聞こえ方が変わる立体音響を実現できます 図6-85 。

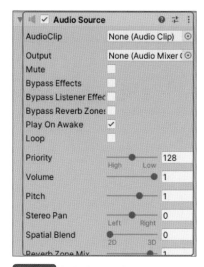
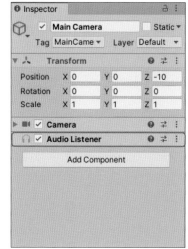

図 6-85 AudioSource と AudioListener

🔲 プログラムからオーディオを再生する

GameManager.cs にメンバー変数を追加し、Start メソッド内で AudioSouce コンポーネントを取得して audioSource に代入しておきます **コード 6-09** 。

コード 6-09 GameManager.cs

```csharp
using UnityEngine;
using System.Collections;

using UnityEngine.SceneManagement;

public class GameManager : MonoBehaviour {

    public int StageNo;                  //ステージナンバー

    public bool isBallMoving;            //ボール移動中か否か

    public GameObject ballPrefab;        //ボールプレハブ
    public GameObject ball;              //ボールオブジェクト

    public GameObject goButton;          //ボタン：ゲーム開始
    public GameObject retryButton;       //ボタン：リトライ
    public GameObject clearText;         //テキスト：クリア

    public AudioClip clearSE;            //効果音：クリア
    private AudioSource audioSource;     //オーディオソース

    // Use this for initialization
```

```
void Start () {
    retryButton.SetActive (false);   //リトライボタンを非表示
    isBallMoving = false;            //ボールは「移動中ではない」

    // オーディオソースを取得
    audioSource = gameObject.GetComponent<AudioSource> ();
}
```

　P.183でダウンロードして［Sounds］フォルダに保存しておいたオーディオファイルを、GameManagerオブジェクトのパブリック変数［Clear SE］にドラッグ＆ドロップします 図6-86 。

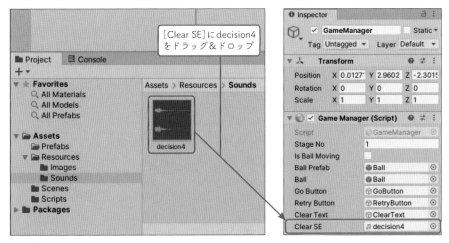

図 6-86 パブリック変数を設定

　StageClearメソッド内で、AudioSourceクラスのPlayOneShotメソッドを呼び出します。このメソッドはオーディオファイルを1回だけ再生します コード 6-10 。

コード 6-10 GameManager.cs

```
……前略……
//ステージクリア処理
public void StageClear () {
    audioSource.PlayOneShot (clearSE);   //クリア音再生
    clearText.SetActive (true);          //クリア表示
    retryButton.SetActive (false);       //リトライボタン非表示
}
}
```

　プレイモードでステージをクリアして、効果音が再生されることを確認してください。

6

ステージを増やそう

完成したステージ1をもとにひな形を作成し、
ステージ2、ステージ3……とステージを増やしていきましょう。
ぜひオリジナルステージの作成にも挑戦してください。

● ステージ1をもとにひな形をつくる

THE BALLは簡単にステージを追加できる設計になっています。ここではステージ2と3をつくってみましょう。とはいえゼロからつくるわけではありません。ステージ1をPuzzleSceneBaseという別名で保存してひな形とし、使える部分はそのまま使い回して効率よく作成します。

■ BACKボタンを追加する

その前にBACKボタンというものを追加しておきましょう。これは各ステージからステージセレクト画面に戻るためのボタンです。機能は後で実装するので、とりあえずボタンを配置してOnClickイベントだけ設定しておきます。

GameManager.csにPushBackButtonメソッドを追加します。とりあえず中身は空でOKです コード 6-11 。

コード 6-11 GameManager.cs

```
……前略……
//リトライボタンを押した
public void PushRetryButton () {
    Destroy (ball);                      //ボールオブジェクトを削除

    //プレハブより新しいボールオブジェクトを作成
    ball = (GameObject)Instantiate (ballPrefab);

    retryButton.SetActive (false);      //リトライボタンを非表示
    goButton.SetActive (true);          //GOボタンを表示
    isBallMoving = false;               //ボールは「移動中ではない」
}

//バックボタンを押した
```

物理パズルゲームをつくろう

Chapter

6

```
public void PushBackButton () {

}

//ステージクリア処理
……後略……
```

CanvasUIの子としてBackButtonを作成し、位置やサイズ、テキストなどを設定していきます。場所は左上になり、色は濃いグレーですが、GOボタンやRETRYボタン（P.200参照）とほとんど同じつくりです 図6-87 。

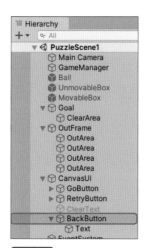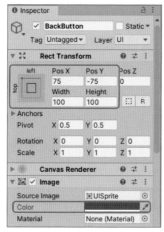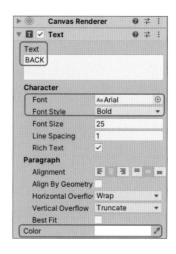

図 6-87 BACKボタンの配置

OnClickイベントにPushBackButtonメソッドを割り当てます 図6-88 。

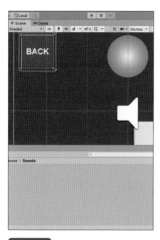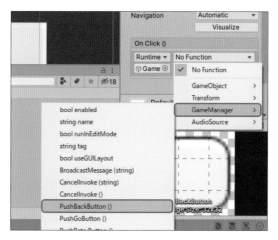

図 6-88 OnClickイベントを割り当て

🔲 PuzzleSceneBaseとして保存する

ステージのひな形をつくりましょう。といっても別名で保存するだけです。まずPuzzleScene1を間違いなく上書き保存したことを確認してから、

PuzzleSceneBase という名前で保存します 図6-89 。

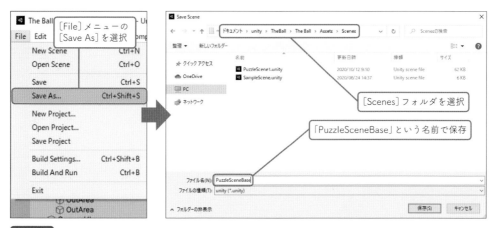

図6-89 別名で保存

壁は不要なので削除します。その後また上書き保存してください 図6-90 。

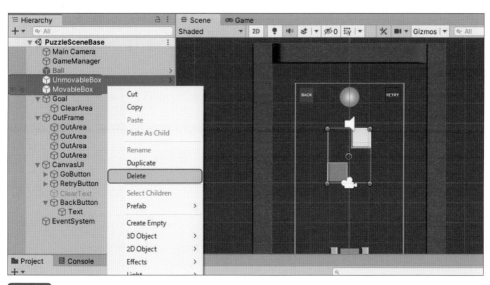

図6-90 壁は削除する

❀ アセットの名前が読みにくいときは

シーンやスクリプトの名前が長いと、[Project]ウィンドウでは後半が省略されてしまいます。その場合はウィンドウ右下のスライダを最大までドラッグしてみてください 図6-91 。

図6-91
右下のスライダを最大までドラッグ

物理パズルゲームをつくろう Chapter 6

6.ステージを増やそう　239

● ステージ2を作成する

それではステージ2を作成しましょう。PuzzleSceneBaseをPuzzleScene2という別名で保存します。間違って上書きしないよう注意してください 図6-92 。

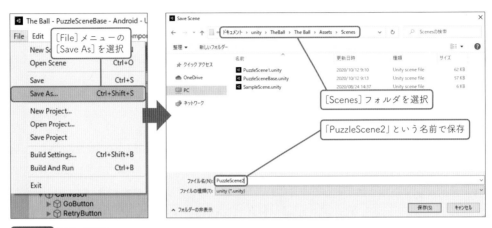

図 6-92 別名で保存

すぐにヒエラルキーでGameManagerを選択し、インスペクターで［Stage No］に2と入力してください。この数値がステージを識別するので、1のままだとステージ2をクリアしてもステージ1をクリアしたことになってしまいます 図6-93 。

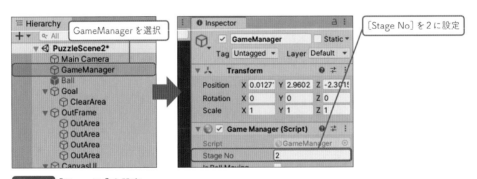

図 6-93 ［Stage No］を設定

すでに壁以外は配置されている状態です。

プレハブからUnmovableBoxをドラッグ＆ドロップして配置します 図6-94 。

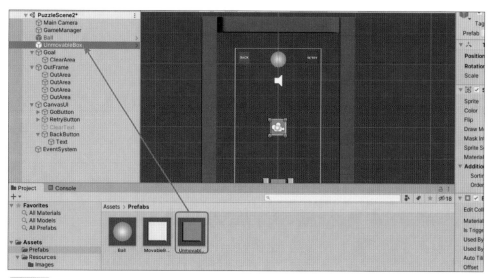

図 6-94 UnmovableBoxを配置

［Scale］の［X］を3.5にして横長にし、［Rotation］の［Z］で-10度傾けます。自分でステージをデザインするときは、正確に数値を入れる代わりに、マウス操作で移動、変形、回転させてもかまいません 図6-95 。

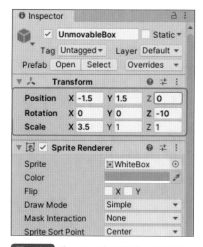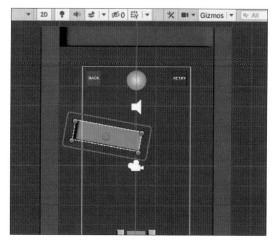

図 6-95 動かない壁を伸ばして傾ける

下のほうに動く壁（MovableBox）を2つ配置します 図6-96 。1つは「X：1.53、Y：0.57」、もう1つは「X：0.05、Y：-2.01」に配置します。多少ずれてもかまいませんが、何もしなくてもクリアしてしまわないよう動作チェックしてください。

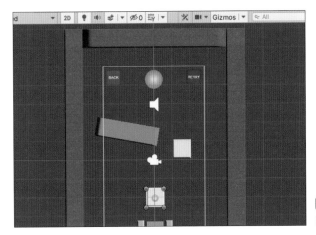

図 6-96
動く壁を2つ配置

プレイモードでテストしてみましょう。斜めの壁の登場で、ゲームの難易度が少し上がっていますね。ステージをつくるときは、簡単には解けず、かといって難しすぎないバランスを探してください 図 6-97 。

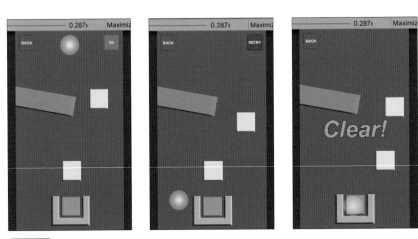

図 6-97 ステージ2のテスト

このようにUnityをうまく使えば、エディタ上でステージを編集し、そのまますぐにテストすることができます。また、ステージ上で使うパーツはプレハブ化しておけば、ドラッグ＆ドロップするだけで配置できます。ゲームの開発環境では、ゲームプログラム本体とは別のツールでステージ編集を行うものも多いのですが、Unityはどちらもできるところがたいへん便利です。

● ステージ3を作成する

　同じようにステージ3を作ってみましょう。PuzzleSceneBaseを開き、Puzzle
Scene3という別名で保存します。インスペクターでGameManagerの[Stage No]
を3にします 図6-98 。

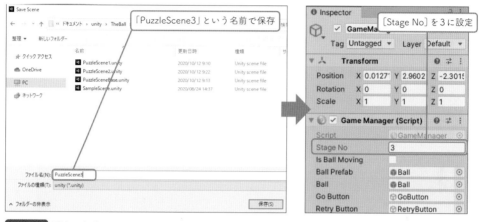

図 6-98 別名で保存

　動かない壁を2つ配置します。[Rotation]の[Z]に45と入力すると、正確に45
度傾けることができます 図6-99 。

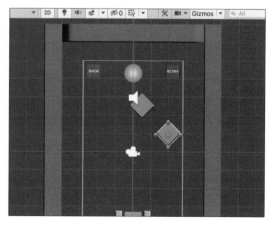

図 6-99 45度傾けた動かない壁を2つ配置

　動く壁を2つ、やはり45度傾けた状態で配置します 図6-100 。次ページの画面ショッ
トを参考に、ドラッグ&ドロップで配置してみましょう。

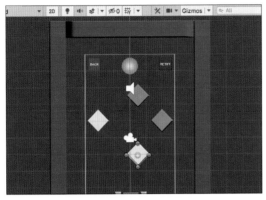

図 6-100
45度傾けた動く壁を2つ配置

今回は最後にゴールを右に移動します。ヒエラルキーでGoalオブジェクトを選択し、[Position]を変更します図 6-101。

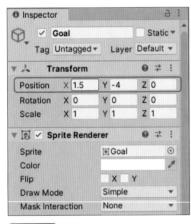

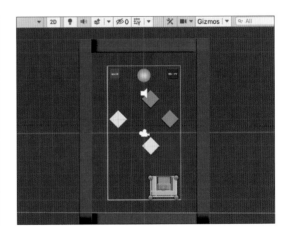

図 6-101 ゴールを移動

これでステージ3ができました。これもテストしてみましょう。傾けたり数を増やしたりするだけで、いろいろなステージがつくれますね。ステージ4以降も同様につくることができます。ぜひ挑戦してみてください図 6-102。

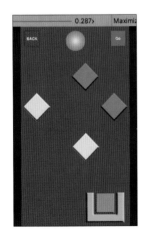

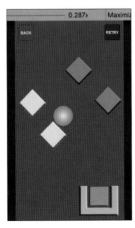

図 6-102
ステージ3のテスト

7 ステージセレクト画面を つくろう

複数のステージを持つゲームには欠かせないステージセレクト画面を作成しましょう。
クリアしたステージの番号を記録しておいて、
いったんクリアしたらいつでも遊べるようにします。

各ステージに移動できるようにしよう

ステージセレクト画面用のUIパーツを配置する

パズルゲームではたいてい遊びたいステージを選択するステージセレクト画面が
用意されています。THE BALLにもステージセレクト画面を作成しましょう。

［Project］ウィンドウでStageSelectSceneという名前のシーンを作成します
図 6-103 。

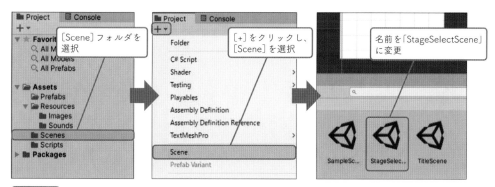

図 6-103 StageSelectSceneを作成

CanvasSelectという名前でキャンバスを作成し、これまで同様に設定します
図 6-104 。

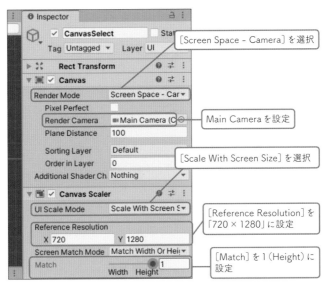

図 6-104 CanvasSelect を作成

　真っ白の ImageBack と TextTitle を配置します。ImageBack は配置後にサイズを 720×1280 に変更するだけなので、TextTitle の設定値のみ載せておきます 図 6-105 。
　背景の追加方法がわからない場合は P.113 を参照してください。Anchor Presets を center,top にするのを忘れないようにしましょう。

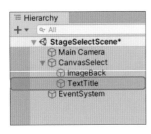
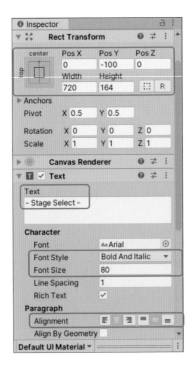
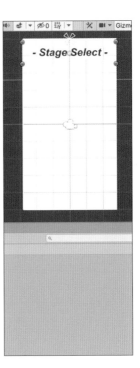

図 6-105 TextTitle を配置

　ButtonStage1 という名前のボタンを配置し、中のテキストを「1」にします。こ

のボタンはあとで8個複製し、1～9までのボタンにします 図6-106 。

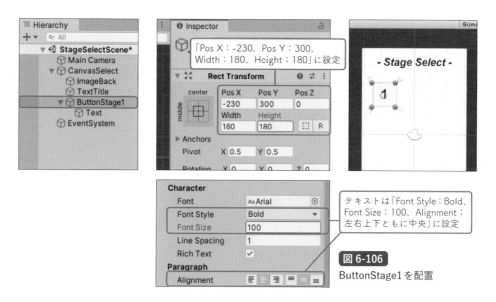

図 6-106 ButtonStage1を配置

スクリプトを用意する

StageSelectManagerという空のゲームオブジェクトとStageSelectManager.cs
というスクリプトファイルを作成し、いつものように追加します 図6-107 。

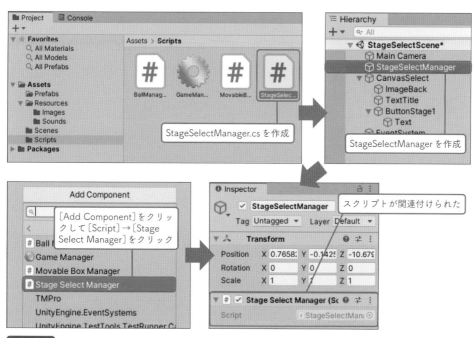

図 6-107 StageSelectManagerにスクリプトを追加する

StageSelectManager.csを開き、ボタンをクリックしたときに呼び出される
PushStageSelectButtonメソッドを追加します。他に名前空間も2つ取り込んでお

きます コード6-12 。

コード6-12 StageSelectManager.cs

```
using UnityEngine;
using System.Collections;

using UnityEngine.UI;
using UnityEngine.SceneManagement;

public class StageSelectManager : MonoBehaviour {

    // Use this for initialization
    void Start () {

    }

    // Update is called once per frame
    void Update () {

    }

    //ステージ選択ボタンを押した
    public void PushStageSelectButton (int stageNo) {
        //ゲームシーンへ
        SceneManager.LoadScene ("PuzzleScene" + stageNo);
    }
}
```

　PushStageSelectButtonメソッドはステージ番号を引数で受け取り、
「PuzzleScene」という文字列とステージ番号を連結してシーンを読み込みます。
シーン名を手がかりにしているので、各ステージの名前が間違っていたら読み込め
ないことに注意してください。

　これまで作成したボタンのOnClickイベントと割り当てるメソッドに似ています
が、1つ大きな違いがあります。それは引数を受け取るという点です。

　OnClickイベントへの割り当て方法もいつもと同じですが、引数を指定するボッ
クスが表示されます。ここにボタンのステージ番号の1を入力します 図6-108 。

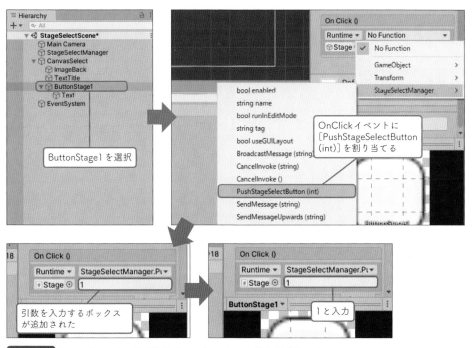

図6-108 ButtonStage1のOnClickイベントにメソッドを割り当てる

　これでこのボタンを押すとPuzzleScene1のシーンが読み込まれるようになりました。引数を2に変えればPuzzleScene2、3に変えればPuzzleScene3が読み込まれ、スクリプト側を書き替える必要はなくなります。

ボタンを複製する

　ButtonStage1を複製してButtonStage2〜9を作成します 図6-109 。

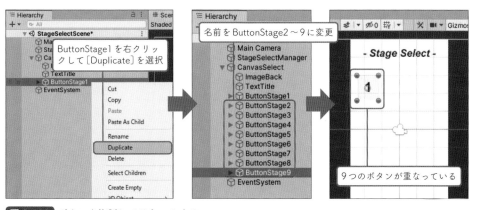

図6-109 ボタンを複製してリネームする

　複製直後はボタンが重なっているので、これを3行×3列の配置にします。こういうときは、ヒエラルキーで複数のゲームオブジェクトをまとめて選択すると便利です。ファイルの選択操作などでよくあるように、先頭の項目をクリックして

から［Shift］キーを押したまま最後の項目をクリックするとまとめて選択できます
図6-110 。

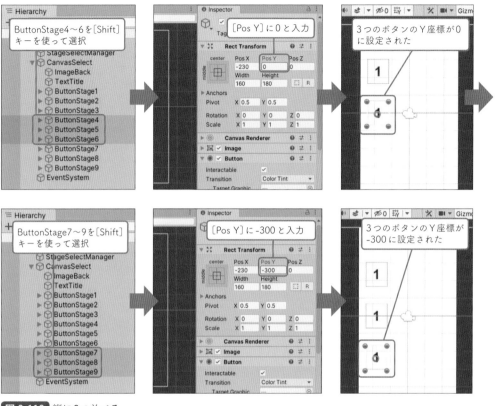

図6-110 縦に3つ並べる

Y座標に続いてX座標を設定します。飛び飛びの項目を選択したいときは、［Ctrl］
キー（Macではcommandキー）を押しながらクリックして追加選択します図6-111 。

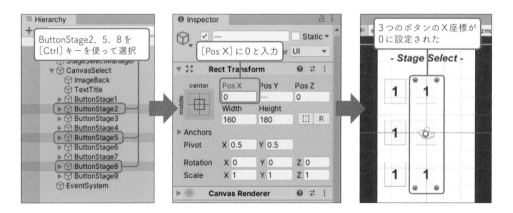

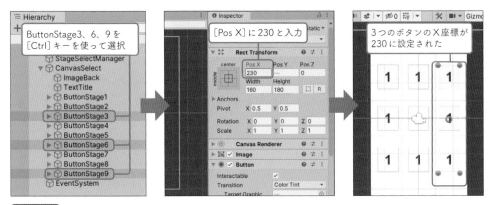

図 6-111 横に 3 つ並べる

　各ボタンの数字を変更します。OnClick イベントで PushStageSelectButton メソッドに渡す引数も忘れずに変更してください**図 6-112**。

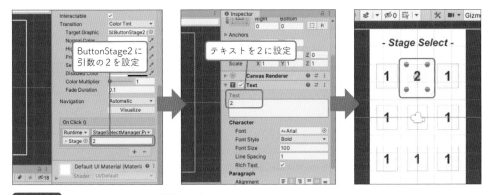

図 6-112 ボタンのテキストと引数を設定

　同様に 9 までのボタンを設定したら、動作テストと行きたいところですが、そのまえに［File］メニューの［Build Settings］を選択してシーンを登録しなければいけません。登録しておかないと読み込みエラーになります（P.121 参照）。

　登録が必要なのは、StageSelectScene と作成済みの PuzzleScene1 〜 3 です。PuzzleSceneBase は実際のゲームには登場しないので登録不要です**図 6-113**。

図 6-113
シーンをドラッグ＆ドロップして登録する

　［Build Settings］ダイアログボックスを閉じて、プレイモードで動作テストしましょう**図 6-114**。

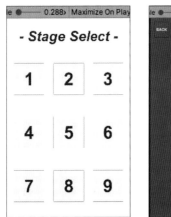

図 6-114 ボタンをクリックするとそのステージが表示される

● BACK ボタンで戻る

現状では各ステージからステージセレクト画面に戻る方法がありません。前に
BACK ボタンの OnClick イベントに割り当てておいた PushBackButton メソッド
（P.237参照）の中身を書きましょう **コード 6-13** 。

コード 6-13 GameManager.cs

```csharp
using UnityEngine;
using System.Collections;

using UnityEngine.SceneManagement;
    ……中略……
    //バックボタンを押した
    public void PushBackButton () {
        GobackStageSelect ();
    }

    //ステージクリア処理
    public void StageClear () {
        audioSource.PlayOneShot (clearSE);      //クリア音再生
        clearText.SetActive (true);             //クリア表示
        retryButton.SetActive (false);          //リトライボタン非表示
    }

    //移動処理
    void GobackStageSelect () {
        SceneManager.LoadScene ("StageSelectScene");
    }
}
```

やっていることはSceneManagerクラスのLoadSceneメソッドでステージセレクト画面のシーンを読み込んでいるだけですが、わざわざ別にGobackStageSelectメソッドを作成し、それを呼び出す流れにしています。後でわかりますが、これにはちゃんと理由があります 図6-115 。

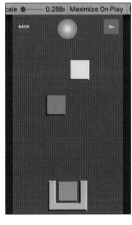

図6-115 BACKボタンでステージセレクト画面に戻れるようになった

どこまでクリアしたか記録できるようにする

PlayerPrefsの使い方

ステージセレクト画面も最後の作業です。いきなり先のステージに進んでしまうことがないよう、クリアしたステージを確認し、直前のステージがクリアされていれば選択できるようにします。そのためにはクリアしたステージの情報を記録する仕組みが必要です。通常の変数はプログラムを終了すると情報が消えてしまうので、ファイルのように終了後も残すためには別の方法を使う必要があります。

そのためにUnityには、PlayerPrefsという仕組みが用意されています。この仕組みを利用すると、各OSの特定の場所にデータを保存してくれます。保存される場所はOSによって異なるのですが、気にする必要はありません 図6-116 。

図6-116 PlayerPrefsクラスのリファレンス
（https://docs.unity3d.com/jp/current/ScriptReference/PlayerPrefs.html）

使い方は簡単です。次のようにPlayerPrefsクラスのいくつかのメソッドを使って書き込みと読み出しを行います。読み書きの際はキーという値を識別するための名前と、値となる数値や文字列をセットにします。

```
PlayerPrefs.SetInt ("TEST", 100);        //TESTというキーで書き込み
int v = PlayerPrefs.GetInt ("TEST");     //TESTというキーで読み出し
```

PlayerPrefsクラスのメソッドには、値を設定するSet○○○と、値を取得するGet○○○があり、それぞれfloat型用とint型用、string型用の3種類用意されています 表6-05 。その他にキーと値を削除するDeleteAll、DeleteKeyなどがあります。Set○○○メソッドで書き込んだ値はアプリの終了時にファイルに保存されますが、アプリがクラッシュしたり正常終了できなかったときには保存されないこともあるので、Saveメソッドを使えば確実に保存できます。

メソッド	働き
DeleteAll	すべてのキーと値を削除
DeleteKey	キーと対応する値を削除
GetFloat	キーが存在する場合は値を取得
GetInt	キーが存在する場合は値を取得
GetString	キーが存在する場合は値を取得
HasKey	キーが存在するか確認
Save	変更された値をディスクへと保存
SetFloat	キーに対する値を設定
SetInt	キーに対する値を設定
SetString	キーに対する値を設定

表 6-05
PlayerPrefs クラスのメソッド

ゲームクリア時に書き込む

先にGameManager.csを開き、StageClearメソッドの中でクリアしたステージの番号を書き込む処理を行います。

すでにステージ4をクリアしているのにステージ1をクリアしたという情報が書き込まれると困る（クリア状態が巻き戻ってしまう）ので、書き込み済みの値と比較し、それより大きいときだけ書き込みます。まだ何も書き込んでいない状態ではGetIntメソッドは0を返すので、その場合も問題はありません コード 6-14 。

コード 6-14 **GameManager.cs**

```
……前略……
//ステージクリア処理
public void StageClear () {
    audioSource.PlayOneShot (clearSE);   //クリア音再生
```

```
        //セーブデータ更新
    if (PlayerPrefs.GetInt ("CLEAR", 0) < StageNo) {
        //セーブされているステージNoより今のステージNoが大きければ
        PlayerPrefs.SetInt ("CLEAR", StageNo);   //ステージナンバーを記録
    }

    clearText.SetActive (true);         //クリア表示
    retryButton.SetActive (false);      //リトライボタン非表示

    //3秒後に自動的にステージセレクト画面へ
    Invoke ("GobackStageSelect", 3.0f);
}
……後略……
```

　最後のInvoke（インボーク）メソッドはMonoBehaviourクラスから継承したもの
で、第1引数に指定した名前のメソッドを、第2引数で指定した時間後に呼び出し
ます。このためにGobackStageSelectメソッドを作成しておいたのですね。

🖥 ステージセレクト画面に反映する

　どこまでクリアしたかという情報をもとに、ステージセレクト画面のボタンの有
効無効を切り替え、前のステージをクリアしていなければボタンをクリックできな
いようにします。
　StageSelectManager.csを開き、ステージ選択ボタンにアクセスするためのパブ
リック変数stageButtonsを追加し、Startメソッド内でボタンの有効／無効を設定
します コード 6-15 。

コード 6-15 StageSelectManager.cs

```
using UnityEngine;
using System.Collections;

using UnityEngine.UI;
using UnityEngine.SceneManagement;

public class StageSelectManager : MonoBehaviour {

    public GameObject[] stageButtons;       //ステージ選択ボタン配列

    // Use this for initialization
    void Start () {
        //どのステージまでクリアしているのかをロード（セーブ前なら「0」）
        int clearStageNo = PlayerPrefs.GetInt ("CLEAR", 0);

        //ステージボタンを有効化
```

```
    for (int i = 0; i <= stageButtons.GetUpperBound (0); i++) {
        bool b;

        if (clearStageNo < i) {
            b = false;    //前ステージをクリアしていなければ無効
        } else {
            b = true;     //前ステージをクリアしていれば有効
        }

        //ボタンの有効／無効を設定
        stageButtons [i].GetComponent<Button> ().interactable = b;
    }
}
……後略……
```

　Startメソッド内ではまずPlayerPrefsクラスのGetIntメソッドで、記録していたクリア済みステージの番号を取得します。まったくクリアしていなければ0、ステージ1をクリアしていれば1、ステージ2までクリアしていれば2が返されます。

　後はfor文でステージ番号と順に比較し、clearStageNoより大きければfalse、clearStageNo以下ならtrueを求め、Buttonコンポーネントのinteractable（インタラクタブル）にセットします。interactableがfalseのとき、そのボタンはクリックできません。

　for文のカウンター変数が0からスタートしていることに注意してください。つまりステージ1を表すカウンター変数は0になるので、clearStageNoが0のときはclearStageNo以下となってボタンはクリック可能になります。

　for文の終了条件にあるGetUpperBoundメソッドは配列変数の要素数を教えるArrayクラスのメソッドです。引数には次元数を指定し、一次元変数の場合は0を指定します。

　メンバー変数stageButtonsには要素数を指定していません。その場合、インスペクター側で［Size］を指定可能になります。［Size］に9と設定すると［Element 0］〜［Element 8］が出現するので、インスペクターで各ボタンをセットしていきます **図6-117**。

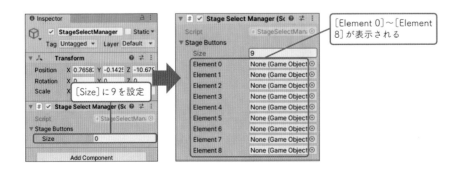

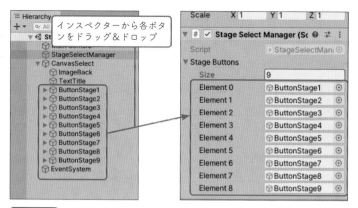

図6-117 配列のパブリック変数

　これで完成です。プレイモードでテストすると、まだ直前のステージをクリアしていない場合、ボタンがグレーになってクリックできなくなっています **図6-118**。

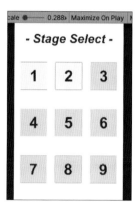

図6-118
ステージ1だけクリアした状況では、ステージ1と2の
ボタンしかクリックできない

> ### ✳ PlayerPrefs のデータをすべて消したい
> 動作テストのために PlayerPrefs に記録したデータをすべて消して、初期状態に戻したいことがあります。PlayerPrefs のファイルを直接編集することはできないので、プログラムのどこかの Start メソッドに「PlayerPrefs.DeleteAll();」と書いて、一回プレイモードで実行しましょう。すべてのデータが削除されます。その後、PlayerPrefs.DeleteAll(); は削除しておきます。特定のデータだけ消したい場合は DeleteKey メソッドを利用します。

> シーン「PuzzleSceneBase」をもとに自分でステージデータを作成して、シーン「StageSelectScene」に追加して拡張してみよう！　変わった形のブロックやボールと同じように重力の影響を受けるブロックなどオリジナルの仕掛けを追加すると楽しいでしょう。

● タイトル画面を作成する

最後にタイトル画面を作成しましょう。やることはChapter5のTHE BOXとほとんど同じなので、簡単に説明していきます。

P.245を参考に新しいシーンを作成し、TitleSceneという名前で変更します。

そして、キャンバスを作成して背景に720×1280サイズのイメージを配置し、その上に「THE BALL」というテキストを配置します。[Font Size]は140です 図6-119。

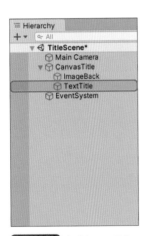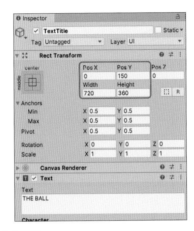

図6-119 タイトルのテキストを配置

「START」というボタンを配置します。ボタンのテキストの[Font Size]は30にします 図6-120。

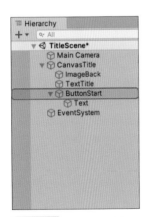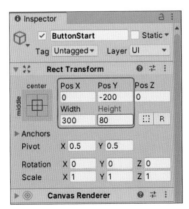

図6-120 ボタンを配置

TitleManagerという空のゲームオブジェクトとTitleManager.csを作成し、インスペクターで[Add Component]をクリックして追加します 図6-121。

図 6-121 スクリプトの作成

　　TitleManager.csを開いて次のように追加します。ボタンをクリックしたらステージセレクト画面のシーンを読み込むという処理です コード 6-16 。

コード 6-16 TitleManager.cs

```csharp
using UnityEngine;
using System.Collections;

using UnityEngine.SceneManagement;

public class TitleManager : MonoBehaviour {

    // Use this for initialization
    void Start () {

    }

    // Update is called once per frame
    void Update () {

    }

    //スタートボタンを押した
    public void PushStartButton () {
        //ステージ選択シーンへ
        SceneManager.LoadScene ("StageSelectScene");
    }
}
```

　　ButtonStart の OnClick イベントに PushStartButton メソッドを割り当てます 図 6-122 。

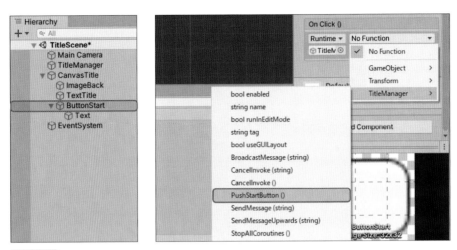

図 6-122 ButtonStart の OnClick イベントにメソッドを割り当てる

最後に忘れてはいけないのが［BuildSetting］ダイアログボックスへのシーンの登録です。TitleScene が一番上にくるようにしましょう**図 6-123**。

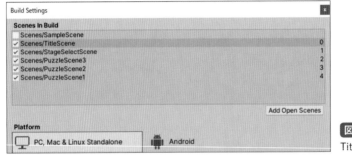

図 6-123
TitleScene を追加

これで THE BALL は完成です！　プレイモードでタイトル画面からひと通り操作して、遊べることを確認しましょう**図 6-124**。

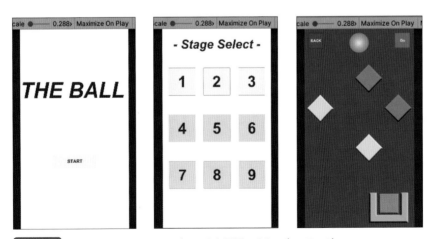

図 6-124 タイトル画面からステージセレクト画面、そして各ステージへ

Chapter **7**

実機テストと
アプリの公開

✳ 7-1 Android で実機テストしよう ・・・・・・・・・・・・・・・・・・・・・・・・・・・・・・・・ 262

✳ 7-2 iOS で実機テストしよう ・・・・・・・・・・・・・・・・・・・・・・・・・・・・・・・・・・・・ 268

✳ 7-3 アプリの公開に向けて ・・・・・・・・・・・・・・・・・・・・・・・・・・・・・・・・・・・・・ 277

1

Androidで
実機テストしよう

**Unity上で問題なく動いていても、
実際のスマートフォン上でトラブルが起きることもあります。
必ず公開前に実機テストしましょう。**

● 実機テストはなぜ必要？

これまでUnityエディタのプレイモードを利用してテストしてきました。しかし、
Unityエディタ上で正常に動いたとしても、スマートフォン上でも問題なく動くと
は限りません。スマートフォン上で動かす実機テストが必要です。

▢ そもそもプログラム自体が異なる

Unityエディタが動作しているパソコンも、スマートフォンもどちらもコンピュー
タの一種なので、メモリにデータを記録し、CPUが演算を行い、モニタに映像を
表示するという基本構造は変わりません。

しかし、CPUやOSの種類はまったく違います。WindowsパソコンのCPUの多
くはインテル社製のx86やx64と呼ばれる種類ですが、スマートフォンのCPUは
Arm社がライセンスしている設計図に基づいてつくられたものです。CPUやOSが
違えば、その上で動くプログラムもまったく違うものになるため、プログラムを移
植する作業が必要になります。移植作業そのものはUnityが自動的にやってくれる
のでさほど心配はいらないのですが、正しく動くかどうかの確認は必要です。

▢ 機種ごとの差も大きい

パソコンでも機種ごとに性能の差はありますが、たいていは同じように使えると
いっていいでしょう。しかしスマートフォンはそうではありません。特にAndroid
は違いが大きく、アプリがA社の機種で動いてもB社の機種では動かないといった
話もよく聞きます。最低でも、ユーザーが多い機種で動くことは確認しておきたい
ものです。

Androidでの実機テストに必要なもの

Androidでの実機テストには、ADBドライバが必要です。ADBドライバは、Windowsパソコンと Android スマートフォンを開発目的で接続するためのソフトウェアです。Macで開発している場合は必要ありません。

Googleが販売している Pixel の場合は、Google の Web サイトからインストールできます 図7-01 。

図7-01 Pixel の ADB ドライバをダウンロード

（https://developer.android.com/studio/run/win-usb.html?hl=ja）

Google以外のメーカーの機種でテストする場合は、それぞれのメーカーのサイトからドライバをダウンロードします。「機種名 ADB Driver」などのキーワードで検索するか、以下のURLでも情報が公開されています。

https://developer.android.com/studio/run/oem-usb.html?hl=ja

スマートフォン側でUSBデバッグを許可する

最後にスマートフォン側でUSBデバッグを有効にします。Androidの「設定」画面を表示し、[開発者向けオプション]の[USBデバッグ]という項目を探してオンにします 図7-02 。

図 7-02
Andorid の「設定画面」で
USB デバッグをオンにする

機種によっては［開発者向けオプション］が非表示になっていることがあります。その場合は「機種名 開発者向けオプション」で検索すると情報が見つかることがあります。

実機テストを実行する

Android向けの書き出し設定を行う

これでUnity以外の準備が完了しました。Unity側でもいくつか設定を行った後、実機テストしてみましょう。［File］メニューの［Build Settings］を選択すると［Build Settings］ダイアログボックスが表示されます。

Android向けに切り替えた状態で、［Player Settings］をクリックすると、Project Settingsウィンドウが開き、Player設定が表示されます 図 7-03 。

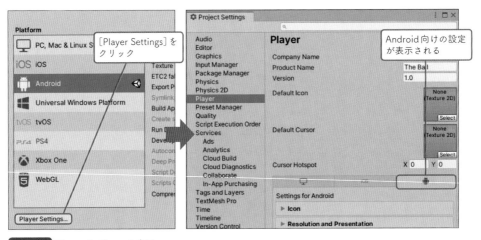

図 7-03 Player Settingsの表示

ここでいうPlayerは「ゲームを遊ぶ人」のことじゃなくて、「ゲームを再生するプログラム」のことなんだね

Player設定の上部は全プラットフォーム共通の、会社名やゲーム名、デフォルトアイコンなどの設定です。ここでは［Company Name］を設定しておきましょう。会社ではなく個人で開発している場合でも、誰が開発したのかを明らかにするために何か入力しておいてください 図 7-04 。

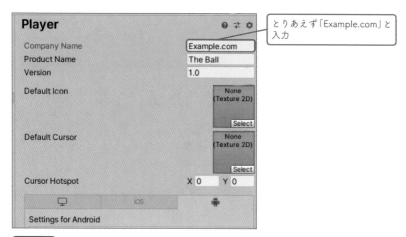

図 7-04 会社名の設定

下側のタブボタンはプラットフォームごとの設定です（ビルドターゲットを追加すると増えます）。左がパソコン、中央がiOS、右がAndroidの設定です。Androidの設定には5つのカテゴリがあり、クリックすると設定項目が表示されます 図 7-05 。

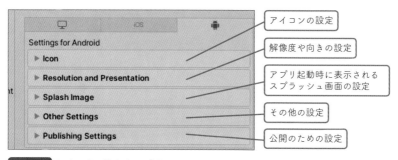

図 7-05 Androidの設定カテゴリ

Android向けの Player Settings についてはUnityマニュアルで全項目が解説されているので、そちらも参照してください 図 7-06 。

図 7-06 Android Player Settings

（https://docs.unity3d.com/jp/current/Manual/class-PlayerSettingsAndroid.html）

今回は［Default Orientation］と［Bundle Identifier］の設定を行いましょう 図7-07 。

Default Orientation（デフォルト・オリエンテーション）はゲーム起動時の画面の向きです。縦向きにするときはPortrait（ポートレイト）、横向きならLandscape（ランドスケープ）を選びます。

Bundle Identifier（バンドルID）はこのゲームプログラム固有の名前で、一般的には「com.会社名.ゲーム名」を付けます。iOSと設定が共有されていて、iOS側ではiOS App IDとあわせなければいけないので、後でiOSにあわせて変更する必要が出てくるかもしれません（P.285参照）。

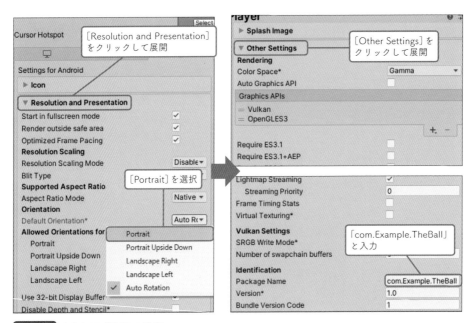

図 7-07 向きとアプリIDの設定

ビルドと実機テストを実行する

準備が終わったので実機テストしてみましょう。パソコンとスマートフォンをUSBケーブルで接続し、［Build Settings］ダイアログで［Build and Run］をクリックすると、ビルド（実行ファイルを作成すること）後に実機テストが開始されます 図7-08 。

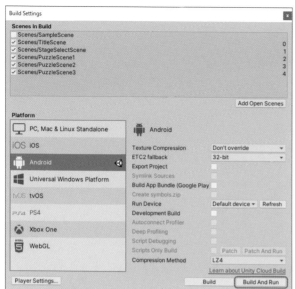

図 7-08
[Build and Run]をクリック

[Build Android]ダイアログボックスが表示されるので、関連していることが後でわかりやすいようUnityのプロジェクトフォルダに近いフォルダに保存します。ビルドが完了するとapkファイルが作成されます。これはAndroidアプリの実行ファイルです。

同時にapkファイルがスマートフォンに転送され、自動的に起動します。動作に問題ないかプレイして確認してみましょう 図 7-09 。

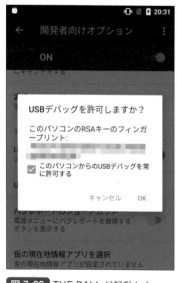

図 7-09 THE BALL が起動した

2 iOSで実機テストしよう

iPhoneなどのiOSデバイスで実機テストするには、
Macと統合開発環境のXcodeが必要です。テストまでの準備はAndroidより少ない
ですが、ビルドにかかる時間は長めです。

iOSでの実機テストに必要なもの

　日本ではiOSユーザーがかなり多いので、人気アプリを目指すならiPhoneでの
リリースは欠かせません。iOSアプリの開発にはMacが必須です。Unityで開発す
る場合でも、実機テストやアプリの公開手続きはMac上で行うことになります。

　Macを手に入れるというハードルを越えてしまえば実機テストに必要なものは
統合開発環境のXcodeのみで、これはMac App Storeで無料で入手できます。また、
Androidに比べて機種が少ないので、テストに必要な手間は少ないといえます。た
だし、Xcodeは最新のmacOSをインストール要件にすることが多い上に、ビルド
処理に結構時間がかかるので、「ビルドと公開のときだけ借りよう……」と考えて
いる人は、先にスペックなどが不足していないか、実はMacを買ったほうがよく
はないか、を検討してもいいかもしれません **図 7-10** 。

図 7-10
Mac App Store でXcodeを
入手

実機テストを実行しよう

iOS向けの書き出し設定を行う

Xcodeをインストールするだけで実機テストの準備は完了するので、UnityエディタでiOS向けの書き出し設定を行っていさましょう。Macでプロジェクトを開き、Androidのときと同じく［Build Settings］ダイアログボックスを表示します。そして、iOS向けに切り替えて［Player Settings］をクリックします 図7-11 。

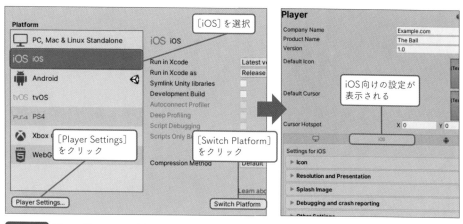

図7-11 Player Settings の表示

iOSのPlayer Settingsにもやはり5つのカテゴリがあります 図7-12 。

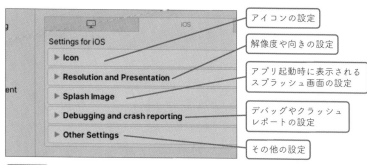

図7-12 iOSの設定カテゴリ

iOS向けのPlayer SettingsについてもUnityマニュアルで全項目が解説されているので、そちらも参照してください 図7-13 。

図 7-13 iOS Player Settings

（https://docs.unity3d.com/jp/current/Manual/class-PlayerSettingsiOS.html）

　iOSでも［Default Orientation］と［Bundle Identifier］を設定できますが、こちらはAndroidと共有されているので、すでにAndroid向けの設定が済んでいれば反映されているはずです **図7-14** 。

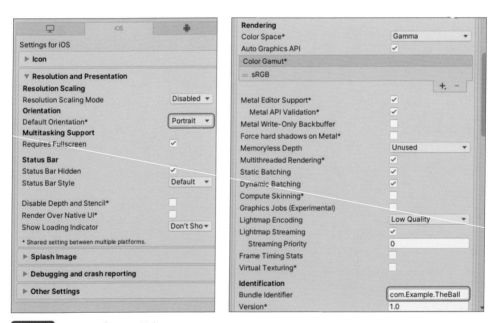

図 7-14 向きとアプリIDの設定

◎ ビルドを実行する

　iOSで実機テストする場合、Unity側でビルドを実行してXcode用のプロジェクトを生成し、その後Xcode側でもビルドして実機テストを行うという2ステップになります。Unity側の操作は同じですが、1つの実行ファイルではなく、Xcode用のプロジェクトが丸々つくられるという点が異なります **図7-15** 。

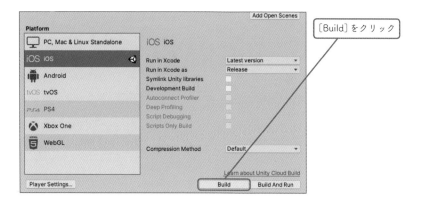

［Build］をクリック

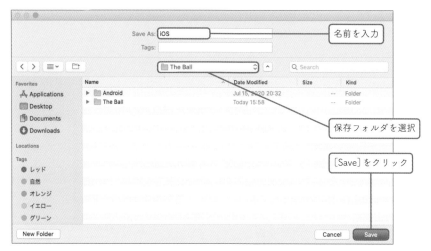

名前を入力

保存フォルダを選択

［Save］をクリック

Xcode プロジェクトが
作成された

図 7-15 iOS向けのビルド

実機テストとアプリの公開

Chapter

7

Xcodeから実機テストする

Xcodeを起動し、Unityから書き出したプロジェクトを開きます。Unityはプロジェクトフォルダ自体を選択して開きますが、Xcodeではプロジェクトフォルダ内の「.xcodeproj」という拡張子が付いたファイルを選択します 図7-16 。

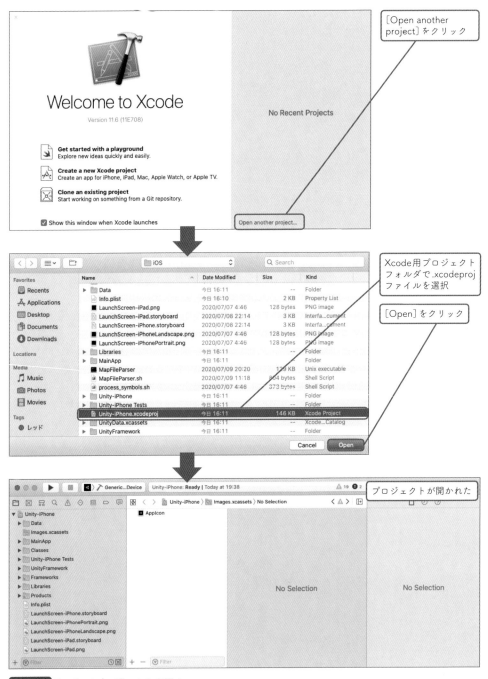

図 7-16 Xcodeでプロジェクトを開く

MacとiPhoneをUSBケーブルで接続し、Xcodeでそのデバイスを選択します 図 7-17 。

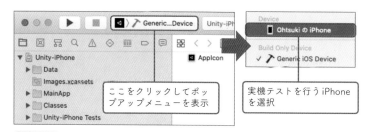

図 7-17 テストを行うデバイスを選択

この状態で［プレイ］ボタンをクリックすると、ビルドが完了した後、iPhoneに
アプリが転送され、自動的に起動します。ただし初回は次に説明するいくつかの設
定が必要です。また、Xcodeでのビルド作業はかなり時間がかかります。Unity側
でのビルドよりも長いぐらいです。あまり何度もテストせずに済むよう、Unity上
でゲームをフィックスしてからビルドしましょう 図 7-18 。

図 7-18 ビルドの開始

初回の実機テスト時に行う設定

実機テストはApp Storeの厳しいチェックを通る前のプログラムを実行する作業
なので、初回にセキュリティ関連の設定があります。具体的にはMac側で開発者
を登録し、iPhone側でその開発者を「信頼する」設定を行います。

初回のビルド時に「Code signing Error」というエラーが表示されます。その場合
は開発者（あなた自身ですね）のApple IDを登録してください 図 7-19 。

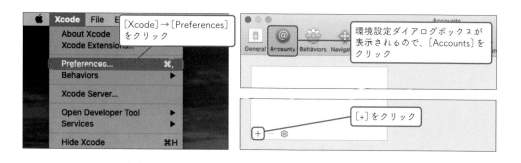

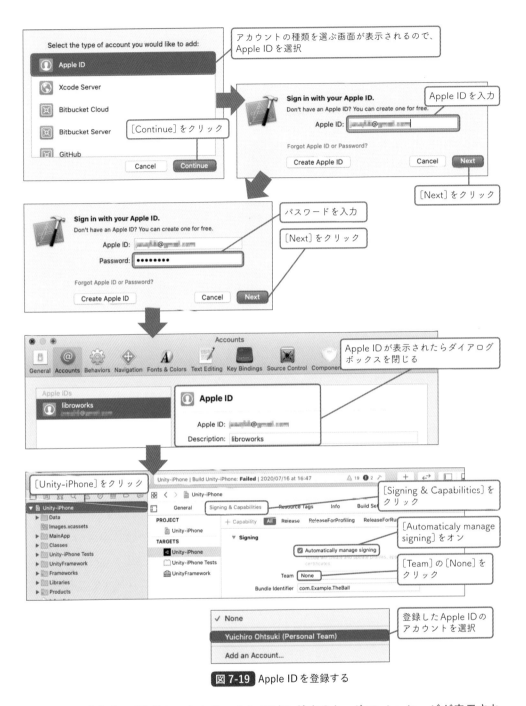

図 7-19 Apple IDを登録する

　再度［プレイ］ボタンをクリックしてビルドすると、次のメッセージが表示されます。iPhoneの設定画面で［一般］→［プロファイルとデバイス管理］をタップし、「開発者を信頼する」ように設定します **図7-20**。

Could not launch "TheBall"
iPhone has denied the launch request.
Internal launch error: process launch failed: The operation couldn't be completed. Unable to launch com.Example.TheBall because it has an invalid code signature, inadequate entitlements or its profile has not been explicitly trusted by the user.

[Details] [OK]

「開発者を信頼させてほしい」というメッセージが表示される

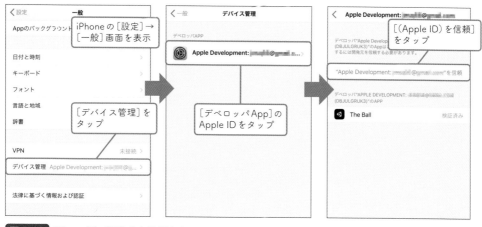

iPhoneの［設定］→［一般］画面を表示

［デバイス管理］をタップ

［デベロッパApp］のApple IDをタップ

［（Apple ID）を信頼］をタップ

図 7-20 iPhone側で開発者を信頼する

　ビルドが完了するとようやく実行ファイルがスマートフォンに転送され、自動的に起動します。動作に問題ないかプレイして確認してみましょう **図 7-21**。

THE BALL

START

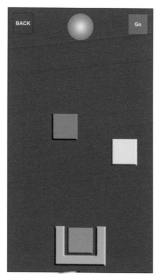

図 7-21
THE BALL が起動した

❋ プロビジョニングプロファイルを求められた場合は

過去に行った設定などの影響で、ビルド時にプロビジョニングプロファイル（Provisioning Profile）を求められることがあります。その場合は、まずApple Developer Programよりプロビジョニングプロファイルを取得してください（P.287参照）。画面左側のProject navigatorから一番上のUnity-iPhoneを選択すると、中央の領域に設定画面が表示されるので、そこでプロビジョニングプロファイルを選択します **図7-22** 。

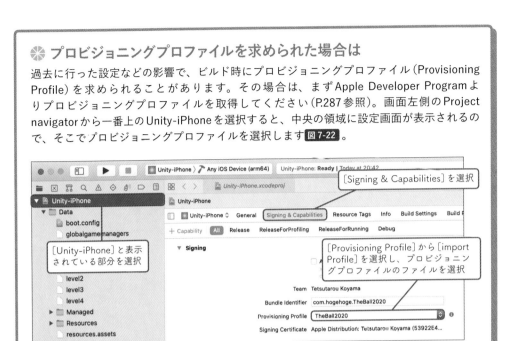

図7-22 プロビジョニングプロファイルの読み込み

3 アプリの公開に向けて

最後にアプリの公開に必要な準備作業について説明しましょう。公開手続きは予告なく変更されることがあるので、公式の最新情報をチェックすることをおすすめします。

● アプリストアで公開するために必要なもの

◻ スクリーンショットでゲームをアピール

　スマートフォンで革命的だった点の1つが、OSにアプリストアが標準で付属していることです。現在ではスマホアプリの数は膨大になっているため、ただ公開するだけでなく、アプリの魅力をアピールしないと埋もれてしまいます。第一に重要となるのが、アプリストアに解説文といっしょに表示されるスクリーンショットです。アプリの魅力を瞬間的に伝える一種の「チラシ」としての働きを持ちます。単にゲームの実行の様子を見せるだけでなく、売り文句を載せることも多いようです。動きや演出が魅力のゲームなら、動画を付けるのも効果的です 図 7-23 。

図 7-23 Google Play ストアと iOS の App Store

◻ アイコンは複数サイズが必要

　アプリの顔といえるアイコンも重要です。実際にホーム画面に配置される小さめなものから、アプリストアに載せる大きなものまで複数サイズを要求されます 図 7-24 。新機種や新OSが登場する際に仕様が変わることもあるので、最新情報の

チェックが欠かせません。各ストアの公式情報にあたるのが確実ですが、Web検索でも情報を探すことができます。

図 7-24 PlayerSettings でアイコンを設定

Androidアプリの公開手続き

公開用アプリの書き出し

公開用のアプリを書き出す前に、Unity側でkeystoreを設定する必要があります。これは暗号鍵を利用した電子証明書で、開発者の自己証明を行うものです。Keystoreの設定はPlayer Settings（P.264）の［Publishing Settings］内にあります。

まず、Keystoreを用意します。新たに作成するときは［Keystore Manager］をクリックして表示し、［Keystore］→［Create New］→［Anywhere］をクリックし、誤って削除しないような場所にkeystoreファイルを保存します。作成済みのKeystoreを利用したい場合は、［Keystore］→［Select Existing］→［Browse］をクリックし、keystoreファイルを選択します 図 7-25 。

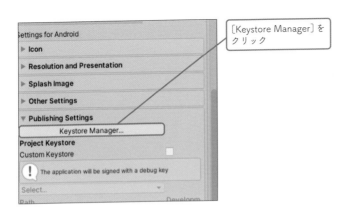

［Keystore Manager］を
クリック

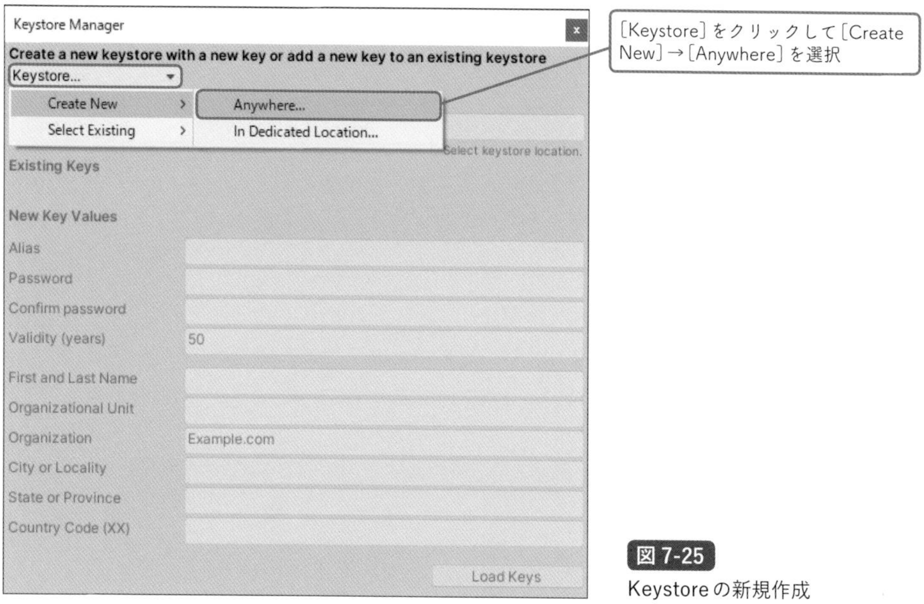

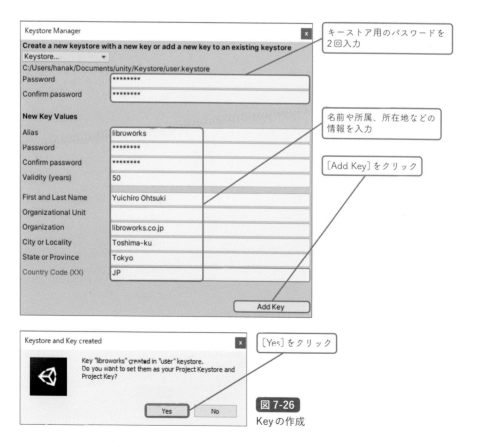

図 7-25
Keystore の新規作成

Keystore を作成するか読み込むと、その下の［Key］を設定できるようになります。
新たな Key を作成します 図7-26 。

図 7-26
Key の作成

作成した Key は、プロジェクト用の Key として自動的に設定されます。この状態

で［Build Settings］ダイアログボックスからアプリをビルドし（P.266参照）、公開
用のapkファイルを作成してください。

Google Play Developer Console

　AndroidアプリをGoogle Playに公開するには、Google Play Developer Console
というWebサイトにアプリの実行ファイル（apk）ファイルをアップロードします
図 7-28 。開発者として有料登録する必要があり、執筆時点（2020年9月現在）では
初回25ドルの登録料が必要です。

　アップロード手順は、サイトの指示に従ってapkファイルをアップロードするだ
けなのでそれほど難しくありません。SNSに写真を投稿するぐらいの作業です。

図 7-28 　Google Play Developer Console（https://play.google.com/apps/publish/）

　製品版の公開のほかに、ベータ版テストやアルファ版テストなども行う機能も用
意されているので、最初は少人数に公開してテストに参加してもらい、意見をフィー
ドバックしてから本格公開に移ることもできます 図 7-29 。

図 7-29 　アルファ版テスト

公開するにはアプリだけでなく、アイコンやスクリーンショット、説明文、アプリの公式サイトなども必要です。Google Play Developer Consoleでは、条件を満たした項目には緑色のチェックマークが、条件を満たしていない項目には灰色のチェックマークが表示されます。灰色のチェックマークが存在する間は「公開」用のボタンが押せません。灰色のチェックマークにマウスカーソルを合わせると、公開に必要な作業内容を確認できます 図 7-30 。

図 7-30
公開できない理由

　アプリ公開の手続きは予告なく変更されることがあり、書籍や有名なサイトに載っている情報だからといってそのままだとは限りません。公式の情報源としてGoogle Play デベロッパーヘルプセンターが公開されているので、こちらも確認してください 図 7-31 。

図 7-31 Google Play デベロッパーヘルプセンター

（https://support.google.com/googleplay/android-developer/?hl=ja）

iPhoneアプリの公開手続き

Apple Developer Program

iPhoneアプリをApp Storeに公開するには、Apple Developer Programに加入した後、Certificates, Identifiers & Profiles（証明書、識別子、プロファイル）というページからアプリの公開に必要な情報を登録します。その後、公開アプリの管理を行うApp Store Connectで公開作業を行います。こちらも開発者として有料登録する必要があり、執筆時点（2020年9月現在）では年間11,800円の登録料が必要です 図 7-32 。

図 7-32
Apple Developer ProgramのAccountページ
（https://developer.apple.com/account/）
このページから「Certificates, Identifiers & Profiles」
とApp Store Connectに移行できる

App Store Connectにはヘルプページが用意されています。手続きが変わることもあるので、迷ったときは確認してください 図 7-33 。

図 7-33 App Store Connectヘルプ

（https://help.apple.com/app-store-connect/?lang=ja-jp#/dev300c2c5bf）

Certificates, Identifiers & Profiles

「Certificates, Identifiers & Profiles」では、次の4つの作業を行います。

① Certificates：電子証明書の作成
② Identifiers：iOS App IDの登録
③ Devices：テストに使用するiPhoneの登録
④ Provisioning Profiles：登録情報を作成してXCodeに読み込ませる

最初にMacに付属するキーチェーンアクセスというアプリを起動し、証明書署名要求を作成します 図7-34 。これはその名のとおり、「電書証明書に署名して正規の証明書を作ってください」と要求するファイルです。これを「Certificates」にアップロードすると、証明書を取得することができます。

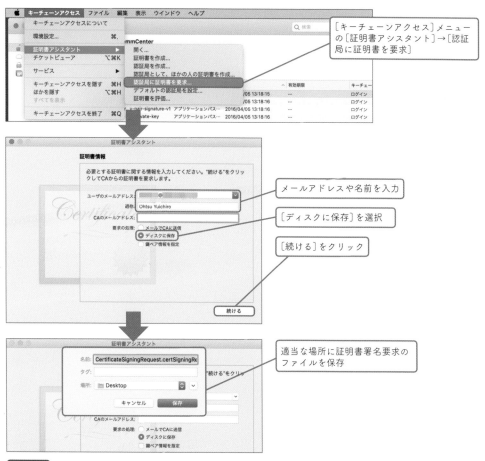

図7-34 キーチェンアクセスで証明書署名要求を作成

Apple Developer ProgramのAccountページから、Certificatesを表示し、[＋]をクリックして電子証明書を作成します。最初に証明書の種類を選択画面が表示されますが、「iOS Destribution」を選択してください 図7-35 。「iOS

App Developement」を選択した場合、アプリ開発はできますがストアでの配布（Distribution）ができません。

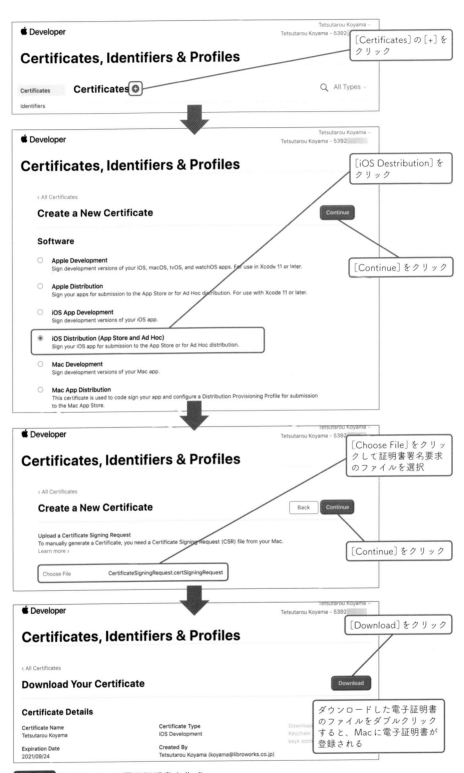

図 7-35 Certificatesで電子証明書を作成

続いて「Identifiers」でiOS App IDを登録します 図7-36 。これはアプリを識別するための情報なので、アプリごとに作成しなければいけません。途中で入力するバンドルIDは、他との重複を避けるために、所属組織のドメイン名（URLのサーバーを表す部分）をひっくり返したもの＋アプリ名を使うのが一般的です。

　［Name］や［Bundle ID］に入力する文字列が不適切な場合、ボックスが黄色に変わります。不適切な記号が入っているか重複している可能性があるので、大文字を小文字に変更してみたりやスペースや記号を削ってみたりしてください。

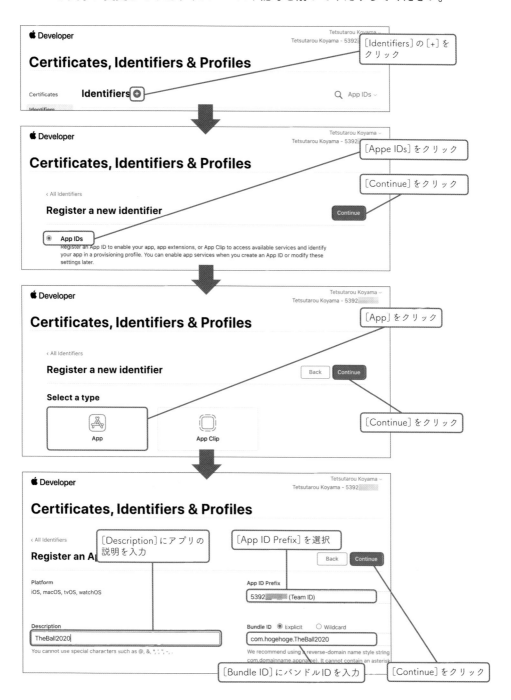

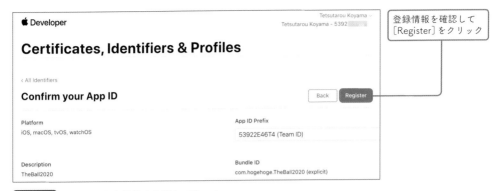

図 7-36 iOS App ID を登録する「Identifiers」

　「Devices」で動作確認に使用するiPhoneを登録します。Device ID（または UUID）というものが必要になりますが、これはiPhoneをMacに接続した状態で、Xcodeの［Window］メニューから［Divices and Simulators］を開くと確認できます **図 7-37** 。

図 7-37 XcodeでDevice IDを確認

　「Devices」でiPhoneを登録します **図 7-38** 。

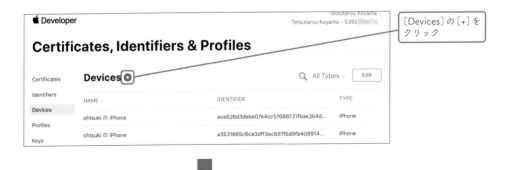

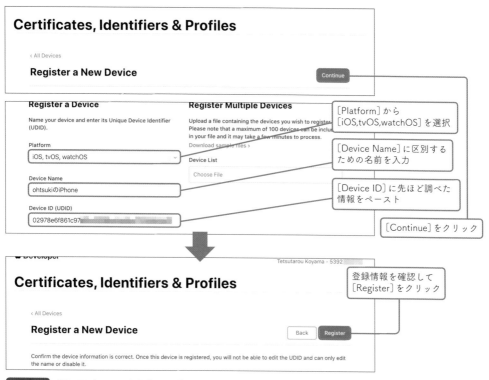

図7-38 検証用デバイスを登録する「Identifiers」

　最後に「Provisioning Profiles」で配布用 (Distribution) のプロビジョニングプロファイルを作成します 図7-39 。

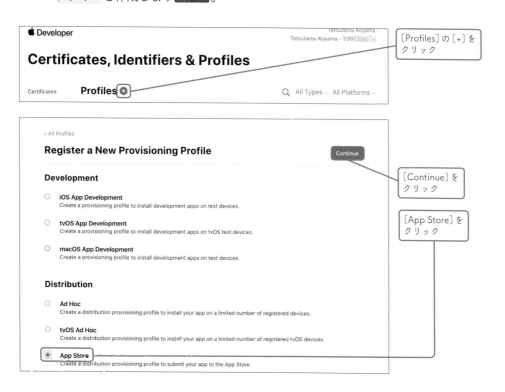

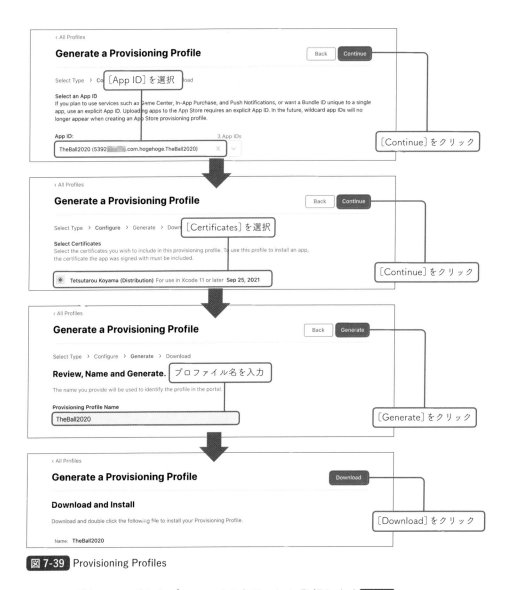

図 7-39 Provisioning Profiles

ダウンロードしたプロファイルをXcodeに登録します 図 7-40 。

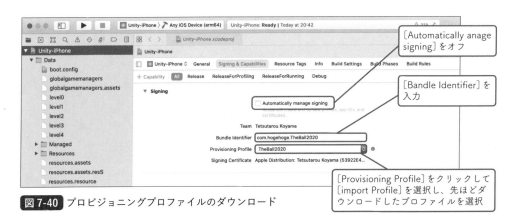

図 7-40 プロビジョニングプロファイルのダウンロード

iOS App IDの作成時に入力したバンドルIDは、UnityのPlayer Settings（P.270参照）でも同じものが登録されている必要があります。変更した場合は、Unity側の設定をあわせてからビルドし直してください。

● App Store Connectでの公開作業

App Store Connectはアプリの公開や管理を行うためのWebサイトです。ベータ版テストや売り上げの管理、ユーザーの分析なども行えます 図7-41 。

図7-41
App Store Connect
（https://appstoreconnect.apple.com/）

マイAppからアプリやスクリーンショット、アイコンなどの登録を行います。重要なのはUnityで作成したアプリのバンドルID（iOS App ID）を選択しておくことです。これが食い違っているとアップロードできません 図7-42 。

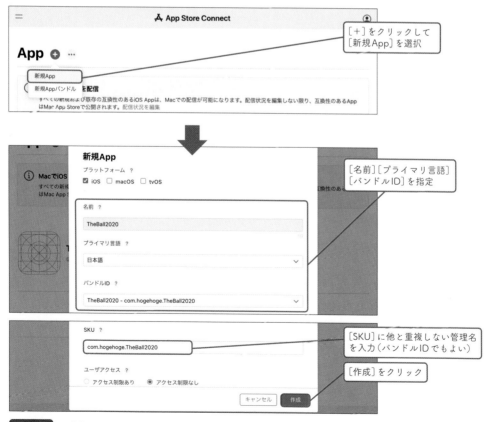

図7-42 マイApp

App Store Connectにアプリ情報を登録したら、XCodeからアップロード作業を行います。事前にUnityのPlayer SettingsでiPhoneとApp Store用のアイコンを登録しておくことを忘れないでください（P.278参照）。アイコンがないとアップロードに失敗します。

［Product］メニューの［Archive］を選択すると、アプリのビルドが実行されたあと、アップロード作業用のダイアログボックスが表示されます 図7-43 。

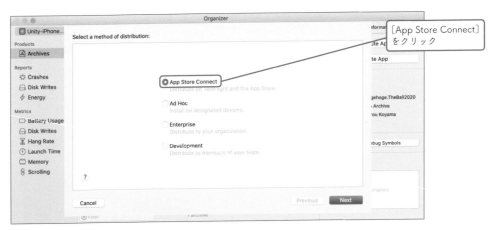

図7-43 アプリのアップロード

このあといくつか質問が続き、最後に［Upload］ボタンが表示されます。問題がなければ、アップロードが実行されます。

このあとApp Store Connect上でスクリーンショット、説明テキストなどを追加していきます。また、公開の前にはAppleの審査を受けなければいけません。審査の申し込みもApp Store Connectからできますが、Appleの審査は厳しいと有名で、通過するまでに何度か修正が必要となるかもしれません。リリース作業で壁に突き当たったときは、公式サイトやアプリ作家の人のサイトなどを見て、ためになる情報がないか探してみましょう。

監修者あとがき

いかがだったでしょうか？　本書を最後まで読んで実践された方はすでに2本ものスマホアプリを制作したことになります。どんなことでもそうなのですが、最初の一歩が一番重く大変です。ですが、みなさんはもうすでにその最初の一歩は踏み出しているのです。この後はせっかく踏み出したその歩みを止めないように進めていきましょう！

本書のアプリのサンプルを作製するときに気を付けたこと、それは「サンプルを元に自分のアプリを作れること」です。今回の2つのサンプルはどちらも人気のジャンルで、しかも何か1つアイデアを加えることで独自性の強いオリジナルアプリを作れるそんなジャンルです。

例えば脱出ゲームなら、写真を使って観光地や実在の場所から脱出するゲームにしてみたり、宝箱を開け続けるアプリにしてみたりとシチュエーションを変えるだけでも面白いアプリになるでしょう。

物理パズルならば、積み上げられたブロックを上手にくずすことによって目的を達成するゲームにしてみたり、逆にどこまで高くブロックを積み上げられるかを競うゲームにしてみたり可能性は無限大です。

「ゲームを作って生きていきたい」と思っても昔はゲーム会社に入る以外の選択支がほぼありませんでした、しかし今は個人でゲームを作って世界に向けて公開できる環境があります。「ゲーム作家」という生き方が個人でできるのです！

アプリ界は楽しくも厳しいそして夢のある世界です。いつの日か本書でアプリ開発を始めた方のアプリが世界的なヒットとなる日を期待しています。

・・・

と、4年前のあとがきで書かせていただきました。おかげさまで本書は多くの方に楽しんでいただけたようで今回 Unity の最新バージョンに対応した改訂版をお届けできることとなりました。

出版後、ありがたいことにたくさんの感想をいただきました。実際に本書で Unity を学んでゲームをリリースし、それがちゃんと収益化でき、ゲーム作家として独立されたという方が何人かいらっしゃいました。その中には世界中で数百万ダウンロードもされたゲームをリリースされた方もいらっしゃいました。

そして私が審査員を務めさせていただいたあるインディゲームのコンテストの会場で受賞された方と話をしたところ、なんとその方も本書で Unity を始めたとおっしゃっていて、大変驚くと同時にうれしかったのを覚えています。

もちろんこれらはその方たちの才能のなせる技なのですが、そんな方たちの最初の一歩のきっかけに本書がなれたのだとしたらこんなにうれしいことはありません。

これまで「和尚本」という愛称で本書に親しんでくださったすべての方たちに感謝を伝えたいと思います。

そして、そんな可能性を秘めたこのような書籍の出版の機会をいただけたことに大変感謝しております。本当にありがとうございました。

さあ私も、今日もゲームを作ります！！

2020年10月　いたのくまんぼう

監修者プロフィール

いたのくまんぼう Itanokumanbow

大阪生まれ金沢育ち。高校生の時に初めてつくったゲームがコンテストで賞をもらったところからゲーム制作のおもしろさにとりつかれる。コンシューマーゲームプログラマーとして『不思議のダンジョン』やサウンドノベルなどのシリーズに関わる。独立後はスマホアプリが主戦場。代表作は『お水のパズル a[Q]ɪɪa アキュア』『想い出ガチャガチャ』『江頭ジャマだカメラ』『MagicReader』など。制作したアプリ（MagicReader）が国連から賞をいただき表彰式にアブダビへ招待される。アプリ界の相談役として、周りからは「和尚」の愛称で親しまれている。神奈川工科大学非常勤講師。
http://ninebonz.net/

著者プロフィール

**リブロワークス
大槻有一郎**

株式会社リブロワークス取締役。山形生まれの千葉育ち。山形大学農学部中退後、とにかくパソコンを使う仕事を求めて、印刷所→パソコン書出版社に就職。その後フリーライターを経て編集プロダクションの起ち上げに参加。最近はライター経験を活かした編集業が中心だが、時々このペンネームやリブロワークス名義で執筆している。主な著書に『スラスラ読めるUnity C# ふりがなプログラミング』（リブロワークス名義、インプレス）などがある。
https://www.libroworks.co.jp/

索引
Index

記号

-	037
;	035
!=	057
.	034
"	035
( )	038
[ ]	071
{ }	032
*	037
/	037
&&	060, 156
%	037
+	037
++	069
<	057
<=	057
=	041
==	057
>	057
>=	057
			061

A

ADB ドライバ	263
Anchor	112
Android	104
Android Build Support	016
Android SDK	016
[Animation] ウインドウ	222
[Animator] ウィンドウ	223
apk ファイル	267
App Store Connect	282
Apple Developer Program	282
Apple ID	273
Array 型	072
[Assets] フォルダ	022, 024, 081
AudioListener コンポーネント	234
AudioSource コンポーネント	234

B

bool 型	040
BoxCollider2D コンポーネント	192, 218
break 文	070, 073
Build Settings	104, 173, 269, 280
Bundle Identifier	266
Button コンポーネント	120

C

Camera コンポーネント	140
case ラベル	062
CircleCollider2D コンポーネント	193
Collider	191
Color	132
[Console] ウィンドウ	019, 029
const	134
Constraints	190
continue 文	070

D

Debug クラス	034
Default Orientation	266, 270
default 文	062
Density	196
Destroy メソッド	207
double 型	040
do-while 文	068

E

Edit Collider	197
else 文	058
EventSystem	109

F

false	057
Find メソッド	210, 216
float 型	040
for 文	068
fps	080
Freeze Rotation	190

G・H

GameObject 型（クラス）	135, 210
[Game] ビュー	105
Generate Mip Maps	083, 107
GetComponent メソッド	091
Google Play Developer Console	280
Gravity Scale	189
Height	112
[Hierarchy] ウィンドウ	019, 022

I

if 文	054

Image コンポーネント ······················ 142
Input クラス ······························· 217
[Inspector] ウィンドウ ·············· 019, 023
Instantiate メソッド ····················· 207
int 型 ····································· 040
Invoke メソッド ··························· 255
iOS ·································· 104, 268
iOS App ID ······························ 285
iOS Build Support ······················ 016
isKinematic ······························ 204
Is Trigger ··························· 196, 219

K・L

Kinematic ··························· 189, 205
LoadScene メソッド ················ 119, 166
Log メソッド······························· 034
Loop Time ································ 231

M・N

Main Camera ···························· 110
Mass ····································· 189
MonoBehaviour クラス ········· 046, 091, 135
mousePosition ···························· 217
new 演算子 ····················· 045, 071, 094
null ······································ 091

O

Offset ······························ 197, 218
OnClick イベント ·············· 120, 138, 153
OnClick イベントの引数 ·················· 248
OnCollisionEnter2D メソッド ············ 208
OnMouseDrag メソッド ··················· 216
OnTriggerEnter2D メソッド ·············· 221
Order in Layer ··············· 125, 199, 203
Outline コンポーネント ·············· 143, 224

P

Physics2D ······························· 187
Physics Material ························· 196
PlayerPrefs ······························ 253
Player Settings···························· 264
PlayOneShot メソッド ···················· 236
posilion ·································· 093
Pos X ／ Pos Y ···························· 112
Prefab ···································· 095
[Project] ウィンドウ ············· 019, 082, 239
public 修飾子 ······················ 049, 134

R

Random.Range メソッド ············· 067, 093
RectTransform コンポーネント············· 112
Rect ツール ······························ 086
Reference Resolution ···················· 111
Render Mode ···························· 111
return 文 ································· 050
Revert ··································· 206
Rigidbody2D コンポーネント ············· 187
Rotation ····························· 086, 241

S

Scale ···································· 086
SceneManager クラス ·············· 119, 165
[Scene] ビュー ··························· 085
Screen Match Mode ····················· 111
ScreenToWorldPoint メソッド ············ 217
SetActive メソッド ················· 145, 156
Set Native Size························· 129
Sleeping Mode ·························· 189
Sprite (2D and UI) ················· 083, 151
SpriteRenderer コンポーネント ·········· 084
Sprite 型····························· 151
Start メソッド ···················· 033, 078
stretch ································ 112
string 型································ 040
struct キーワード···················· 094
switch 文 ························· 062, 137

T

Tag ···································· 210
Texture Type ························· 083
Text コンポーネント ·············· 114, 146
this ·································· 091
Transform コンポーネント（クラス）··· 084, 091
Transform ツールバー···················· 085
true ·································· 055

U

UI Scale Mode ························· 111
UnityEngine.Object クラス ············· 207
Unity Hub ····························· 011
Unity ID ······························ 012
UnityUI ······························· 107
Unity エディタ ························· 015
Unity スクリプトリファレンス ············ 100

索引

Index

Unity マニュアル ········· 079, 198, 233, 265
Update メソッド ····················· 034, 078
USB デバッグ ····························· 263
using ディレクティブ ··············· 032, 076

V

Vector3 型 ·························· 093
Visual Studio ······················· 015
void ································· 050

W

while 文 ··························· 066
Width ····························· 112

X

Xcode ···························· 268

あ行

アスペクト比 ····················· 105, 167
アニメーションクリップ ················· 222
アニメーションクリップの作成 ··········· 225
アニメーションのループ ················ 231
アニメーターコントローラー ············· 222
アンカー ·························· 112
イベント ·························· 120
イベント関数 ······················ 079
イメージ ······················ 112, 170
インスタンス ······················ 045
インスペクター ················· 019, 086
エフェクター ······················ 196
エラーメッセージ ···················· 031
演算子 ··························· 036
オーディオの再生 ···················· 234
オーディオファイルのインポート ·········· 183

か行

カウンター変数 ····················· 068
画像のインポート ···················· 083
型 ····························· 039
型パラメータ ······················ 091
型変換 ··························· 043
空オブジェクトの作成 ················· 022
関係演算子 ························ 057
キーフレーム ······················ 227
キャスト ······················ 043, 207
キャンバス ······················ 109, 169

組み込み型 ························ 040
クラス ························ 032, 044
繰り返し処理 ······················ 065
クローン ·························· 207
継承 ···························· 046
ゲームオブジェクト ··················· 078
ゲームオブジェクトの削除 ·············· 142
ゲームオブジェクトの作成 ·············· 022
ゲームオブジェクトの配置 ·············· 084
ゲームオブジェクト名の変更 ············· 088
構造体 ··························· 094
子オブジェクト ····················· 112
コメント文 ························ 033
コライダー ························ 191
コンポーネント ····················· 078
コンポーネントの削除 ················· 090
コンポーネントの取得 ················· 091

さ行

再生モード ························ 029
座標系 ··························· 186
サフィックス ······················ 042
参照型 ··························· 094
シーンの作成 ······················ 081
シーンのリネーム ···················· 020
シーンを登録 ······················ 122
式 ····························· 036
実機テスト ························ 262
整数 ···························· 041
条件 AND 演算子／条件 OR 演算子 ········ 060
条件式 ··························· 055
条件分岐 ·························· 054
衝突判定 ······················ 191, 208
スクリーン座標 ····················· 217
スクリプト ························ 023
スクリプトの関連付け ··············· 024, 119
スクリプトの作成 ················· 023, 118
スクリプトの保存 ···················· 029
スクリプトの無効化 ··················· 055
ストレッチ ························ 127
スプライト ························ 083
スリープ状態 ······················ 189
制御構文 ·························· 054
添字 ···························· 071

た行

代入 ···························· 041
代入演算子 ························ 041
タイムライン ······················ 227

タグ・・・・・・・・・・・・・・・・・・・・・・・・・・・・・・・・・ 210
単位・・・・・・・・・・・・・・・・・・・・・・・・・・・・・・・・・ 186
定期イベント・・・・・・・・・・・・・・・・・・・・・・・・ 079
定数・・・・・・・・・・・・・・・・・・・・・・・・・・・・・・・・・ 134
テキスト・・・・・・・・・・・・・・・・・・・・・・・・・・・・ 113
等値演算子・・・・・・・・・・・・・・・・・・・・・・・・・・ 057
ドラッグ・・・・・・・・・・・・・・・・・・・・・・・・・・・・ 216
トリガー・・・・・・・・・・・・・・・・・・・・・・・・ 196, 219

な行

名前空間・・・・・・・・・・・・・・・・・・・・・・・・・・・・ 076
入力支援機能・・・・・・・・・・・・・・・・・・・・・・・・ 028

は行

配列変数・・・・・・・・・・・・・・・・・・・・・・・・・・・・ 071
パディング・・・・・・・・・・・・・・・・・・・・・・・・・・ 112
パネル・・・・・・・・・・・・・・・・・・・・・・・・・・・・・・ 123
パブリック配列変数・・・・・・・・・・・・・・・・・・ 151
パブリック変数・・・・・・・・・・・・・・・・・ 049, 151
ハンドツール・・・・・・・・・・・・・・・・・・・・・・・・ 085
バンドル ID ・・・・・・・・・・・・・・・・・・・・・・・・ 266
非アクティブ・・・・・・・・・・・・・・・・・・・・・・・・ 145
ヒエラルキー・・・・・・・・・・・・・・・・・・・・・・・・ 022
引数・・・・・・・・・・・・・・・・・・・・・・・・・・・ 034, 050
ビルド・・・・・・・・・・・・・・・・・・・・・・・・・・・・・・ 266
ビルド設定・・・・・・・・・・・・・・・・・・・・・ 104, 173
フィールド・・・・・・・・・・・・・・・・・・・・・・・・・・ 048
フォルダの作成・・・・・・・・・・・・・・・・・ 081, 105
複製・・・・・・・・・・・・・・・・・・・・・・・・・・・・・・・・・ 125
物理エンジン・・・・・・・・・・・・・・・・・・・・・・・・ 178
不透明度・・・・・・・・・・・・・・・・・・・・・・・・・・・・ 132
フラグ・・・・・・・・・・・・・・・・・・・・・・・・・・・・・・ 152
フレーム・・・・・・・・・・・・・・・・・・・・・・・・・・・・ 080
プレハブ・・・・・・・・・・・・・・・・・・・・・・・・・・・・ 095
プレハブに反映・・・・・・・・・・・・・・・・・ 097, 205
プロジェクトの作成・・・・・・・・・・・・・・・・・・ 018
プロジェクトフォルダ・・・・・・・・・・・・・・・・ 022
プロジェクトを開く・・・・・・・・・・・・・・・・・・ 025
ブロック・・・・・・・・・・・・・・・・・・・・・・・・・・・・ 032
プロパティ・・・・・・・・・・・・・・・・・・・・・ 048, 086
プロビジョニングプロファイル・・・・・・・ 276, 287
変数・・・・・・・・・・・・・・・・・・・・・・・・・・・・・・・・・ 039
ボタン・・・・・・・・・・・・・・・・・・・・・・・・・・・・・・ 115
ボタンのテキスト・・・・・・・・・・・・・・・・・・・・ 117

ま行

メソッド・・・・・・・・・・・・・・・・・・・・・・・・・・・・ 033
メソッドの定義・・・・・・・・・・・・・・・・・・・・・・ 050
メンバー変数・・・・・・・・・・・・・・・・・・・・・・・・ 046
戻り値・・・・・・・・・・・・・・・・・・・・・・・・・・・・・・ 050

や行・ら行・わ行

要素・・・・・・・・・・・・・・・・・・・・・・・・・・・・・・・・・ 071
ループ・・・・・・・・・・・・・・・・・・・・・・・・・・・・・・ 054
レイアウト・・・・・・・・・・・・・・・・・・・・・・・・・・ 087
ローカル空間・・・・・・・・・・・・・・・・・・・・・・・・ 092
ワールド空間・・・・・・・・・・・・・・・・・・・・・・・・ 092

制作スタッフ

［キャラクターデザイン・本文イラスト］中川悠京
［サンプルゲームイラスト］kona
［装丁・本文デザイン］齋藤州一（sososo graphics）
［編集］大津雄一郎（リブロワークス）
［DTP］赤羽優（リブロワークス）

［編集長］後藤憲司
［編集］大越真弓

Unityではじめる C#　基礎編 改訂版

2020 年 12 月 11 日　初版第 1 刷発行
2023 年　2 月　1 日　初版第 2 刷発行

監 修 者　いたのくまんぼう
著　者　リブロワークス
発 行 人　山口康夫
発　　行　株式会社エムディエヌコーポレーション
　　　　　〒 101-0051　東京都千代田区神田神保町一丁目 105 番地
　　　　　https://books.MdN.co.jp/
発　　売　株式会社インプレス
　　　　　〒 101-0051　東京都千代田区神田神保町一丁目 105 番地
印刷・製本　シナノ書籍印刷株式会社

カスタマーセンター
造本には万全を期しておりますが、万一、落丁・乱丁などがございましたら、送料小社負
担にてお取り替えいたします。お手数ですが、カスタマーセンターまでご返送ください。

■落丁・乱丁本などのご返送先
〒 101- 0051　東京都千代田区神田神保町一丁目 105 番地
株式会社エムディエヌコーポレーション カスタマーセンター　TEL：03-4334-2915

■書店・販売店のご注文受付
株式会社インプレス　受注センター　TEL：048-449-8040／FAX：048-449-8041

●内容に関するお問い合わせ先
株式会社エムディエヌコーポレーション カスタマーセンター メール窓口
info@MdN.co.jp

本書の内容に関するご質問は、E メールのみの受付となります。メールの件名は「Unity
ではじめる C#　基礎編　改訂版　質問係」、本文にはお使いのマシン環境（OS、
ソフトウェアのバージョン、搭載メモリなど）とお書き添えください。電話や FAX、郵便
でのご質問にはお答えできません。ご質問の内容によりましては、しばらくお時間をい
ただく場合がございます。また、本書の範囲を超えるご質問に関しましてはお答えい
たしかねますので、あらかじめご了承ください。

ISBN978-4-295-20079-6　C3055